Cinema 4D
实战案例教材

王琦 主编

张龙 彭辉 齐旺涛 魏岩 张鹏 胡滨 张鸿 廖梓浩 许晓婷 编著

人民邮电出版社

北 京

图书在版编目（CIP）数据

Cinema 4D实战案例教材 / 王琦主编 ；张龙等编著
. -- 北京 : 人民邮电出版社，2022.1
ISBN 978-7-115-57686-6

Ⅰ. ①C… Ⅱ. ①王… ②张… Ⅲ. ①三维动画软件—
教材 Ⅳ. ①TP391.414

中国版本图书馆CIP数据核字(2021)第215665号

◆ 主　　编　王　琦
　　编　著　张　龙　彭　辉　齐旺涛　魏　岩　张　鹏
　　　　　　胡　滨　张　鸿　廖梓浩　许晓婷
　　责任编辑　赵　轩
　　责任印制　陈　犇
◆ 人民邮电出版社出版发行　　北京市丰台区成寿寺路 11 号
　　邮编　100164　电子邮件　315@ptpress.com.cn
　　网址　https://www.ptpress.com.cn
　　北京瑞禾彩色印刷有限公司印刷
◆ 开本：787×1092　1/16
　　印张：14　　　　　　　　2022 年 1 月第 1 版
　　字数：314 千字　　　　　2022 年 1 月北京第 1 次印刷

定价：69.90 元

读者服务热线：(010)81055410　印装质量热线：(010)81055316
反盗版热线：(010)81055315
广告经营许可证：京东市监广登字 20170147 号

编委会名单

主　编：王　琦

编　著：张　龙　　彭　辉　　齐旺涛

　　　　　魏　岩　　张　鹏　　胡　滨

　　　　　张　鸿　　廖梓浩　　许晓婷

编委会：（按姓氏拼音排序）

　　　　　陈　茂　　广州涉外经济职业技术学院

　　　　　王英才　　广西职业技术学院

　　　　　文　艺　　广西职业技术学院

　　　　　徐　媚　　广西职业技术学院

序

　　随着移动互联网技术的高速发展，数字艺术为电商、短视频、5G等新兴领域的飞速发展提供了前所未有的强大助力。以数字技术为载体的数字艺术行业，在全球范围内呈现高速发展的态势，为我国文化产业的再次振兴贡献了巨大力量。2019年8月发布的《中国数字文化产业发展趋势研究报告》显示，在经济全球化、新媒体融合、5G产业即将迎来大爆发的行业背景下，数字艺术行业还会迎来新一轮的飞速发展。

　　行业的高速发展，需要持续不断的"新鲜血液"注入其中。因此，我们要不断推进数字艺术相关行业职教体系的发展和进步，培养更多能够适应未来数字艺术产业的技术型人才。在这方面，火星时代（北京火星时代科技有限公司）积累了丰富的经验。作为我国较早进入数字艺术领域的教育机构，自1994年创立"火星人"品牌以来，该机构一直秉承"分享"的理念，毫无保留地将最新的数字技术分享给更多的从业者和大学生，开启了我国数字艺术教育的新时代。27年来，火星时代一直专注于数字技能型人才的培养，"分享"也成为我们刻在骨子里的坚持。现在，我们每年都会为行业输送数以万计的优秀技能型人才，教学成果、图书教材和教学案例通过各种渠道辐射全国，很多艺术类院校和相关专业都在使用火星时代编著的图书教材或提供的教学案例。

　　火星时代创立初期以图书出版为主营业务，在教材的选题、编写和研发上自有一套成功的经验。从1994年出版第一本《三维动画速成》至今，火星时代已出版教材超100种，累计销量已过千万册。在纸质出版图书从式微到复兴的大潮中，火星时代的教学团队从未中断过在图书出版方面的探索和研究。

　　"教育"和"数字艺术"是火星时代常抓不懈的两大关键词。教育具有前瞻性和预见性，数字艺术又因与计算机技术的发展息息相关，一直都处在时代的最前沿。而在这样的环境中，"居安思危、不进则退"成为火星时代发展路上的座右铭。我们也从未停止过对行业的密切关注，尤其重视由技术革新带来的人才需求的新变化。2020年上半年，通过对上万家合作企业和几百所合作院校的最新需求调研，我们发现，对新版本软件的熟练使用，是联结人才供需双方诉求的最佳结合点。因此，我们选择了目前行业需求最急迫、使用最多、版本最新的几大软件，发动具备行业一线水准的火星时代精英讲师，精心编写出这套基于软件实用功能的系列图书。该系列图书内容全面，覆盖软件操作的核心知识点，还创新性地搭配了按照章节划分的教学视频、课件PPT、教学大纲、设计资源及课后练习题，非常适合零基础读者，同时还能够很好地满足各大高等专业院校、高职院校的视觉、设计、媒体、园艺、工程、美术、摄影、编导等相关专业的授课需求。

　　学生学习数字艺术的过程就是攀爬金字塔的过程，从基础理论、软件学习、商业项目实战、专业知识的横向扩展和融会贯通，一步步地进阶到金字塔尖。火星时代在艺术职业教育领域经过27年的发展，已经创造出一套完整的教学体系，帮助学生在成长的每个阶段中完成挑战，顺利进入下一阶段。我们出版图书的目的也是如此。在这里也由衷感谢人民邮电出版社和Adobe中国授权培训中心的大力支持。

美国心理学家、教育家本杰明·布卢姆（Benjamin Bloom）曾说过："学习的最大动力，是对学习材料的兴趣。"希望这套浓缩了我们多年教育精华的图书，能给您带来极佳的学习体验！

王琦

火星时代教育创始人、校长

中国三维动画教育奠基人

软件介绍

Cinema 4D 是 MAXON Computer 公司推出的一款三维软件。动态图形设计师可以将 Cinema 4D 用于电视节目包装、电影/电视片头、商业广告、音乐视频、舞台屏幕互动装置等的制作，特效师可以用 Cinema 4D 设计电影、电视等视觉作品。

Cinema 4D 拥有强大的模型流程化模块、运动图形模块、模拟模块、雕刻模块、渲染模块等功能模块，可以用来完成项目的模型、材质、动画、渲染、特效等的制作和设置工作，创造出震撼人心的视觉效果。同时 Cinema 4D 中的 MoGraph 模块为设计师提供了全新的设计方向。Cinema 4D 拥有强大的预设库，可以为设计师制作项目提供强有力的帮助；Cinema 4D 还可以无缝地与后期软件 Adobe After Effects 等进行衔接。

内容介绍

第1课"Cinema 4D 商业实战入门"讲解 Cinema 4D 的应用领域、当下流行风格，以及商业项目制作的流程，并结合相应的知识和案例项目进行分析讲解。

第2课"Cinema 4D 的核心操作"讲解软件的初始界面及软件的基础操作、模型和样条的创建及基础操作、工程渲染输出基本设置、Octane Render 的基础设置及渲染使用等相关知识。通过学习本课，读者可以对软件及 OC 渲染器快速上手。

第3课"小清新产品风格——悦耳随行蓝牙音箱海报设计"讲解小清新风格的应用领域以及对实战案例进行设计构图，根据项目流程完成蓝牙音箱的案例制作，并利用 OC 渲染器进行渲染，使用 Photoshop 进行后期调色处理。

第4课"卡通角色风格——制作卡通角色风格舞动少年海报"讲解卡通角色风格的应用领域及特点、卡通角色风格设计方案的制订、角色模型的制作、卡通角色骨骼的绑定、角色衣服的制作，并利用 OC 渲染器进行渲染，以及使用 Adobe After Effects 进行后期合成。

第5课"运动图形风格——高级运动图形动态效果"讲解运动图形的应用领域、运动图形模块的核心知识，并结合效果器进行案例制作。

第6课"写实风格——汽车场景渲染"讲解写实风格的应用领域，并带领读者制订写实风格的设计方案，进行汽车写实场景案例制作。

第7课"赛博朋克风格——未来都市实战项目"讲解赛博朋克风格的相关基础知识，并带领读者制订赛博朋克风格的设计方案，进行未来都市案例制作。

第8课"X-Particles 粒子风格——头盔场景粒子实战项目"讲解粒子特效风格的应用领域、X-Particles 粒子插件的核心知识，并带领读者使用粒子插件完成头盔场景粒子案例的制作。

第9课"烟雾特效风格——汽车漂移轮胎摩擦烟雾实战项目"讲解烟雾特效风格的应用领

域、TFD烟雾插件的核心知识，并带领读者使用TFD插件完成写实汽车漂移烟雾特效案例的制作。

作者简介

王琦：火星时代教育创始人、校长，中国三维动画奠基人，北京信息科技大学兼职教授、上海大学兼职教授，Adobe 教育专家、Autodesk 教育专家，出版《三维动画速成》、"火星人"系列等图书和多媒体音像制品50 余部。

张龙：火星时代教育影视教研经理、资深运动图形设计师、剪辑包装专家讲师，具有10年广告包装从业经验，以及丰富的影视、广告、电视包装实战和教学经验，为各大卫视提供整包改版服务，为各大品牌制作广告及提供各类视频制作服务；在6年的教学生涯中，他先后培养出几十位设计总监、数千名优秀设计师；参与编写多部图书；曾服务于CCTV-1、CCTV-4、CCTV-7、CCTV-9、CCTV-10、安徽卫视、浙江卫视、江苏卫视、河南卫视、山东卫视、北京卫视、BTV 公共、BTV 新闻、安徽经视、安徽科教、浙江少儿、江苏少儿、京东旅游、OPPO、一点资讯、东风汽车、长安汽车、李先生、博洛尼、北京"设计之都"申办组等。

彭辉：资深运动图形设计师，有20年从业经验，曾参与CCTV、BTV等各频道的包装设计，北京奥运会、世界博览会宣传视频的包装设计，各类商业广告设计与制作，电视剧、电影等特效制作，以及手绘和三维动画片等的制作，拥有丰富的项目经验。在火星时代的授课期间，参与了多本图书的编写及多门课程的研发工作。

齐旺涛：动态视觉设计师、资深讲师、教研讲师，有多年行业项目经验和教学经验。

魏岩：主要从事影视剪辑、包装、设计及相关教学工作，曾参与《Drom》《Sen Tec》宣传片和产品包装、《AFK剑与远征》后期合成等工作。

张鹏：动态图形设计师，从事影视行业7年，曾负责南京理工大学航空航天材料汇报视频的后期包装、南京水利局土石大坝汇报动画的制作，独立完成《王希孟—千里江山图卷》博物馆动态视觉展示动画、吉林省"智能审批e窗通"App宣传动画和"考评纪实"政府宣传动画、中国中车宣传动画、中国银联宣传动画、智慧乘车"八维通"App宣传动画等的制作。

胡滨：拥有8年项目经验，参与项目有CCTV-5世锦赛视频包装、女足世界杯视频包装、CCTV法制频道包装、北京卫视频道包装、北京网络广播电视台（BRTN）频道包装、湖南卫视和湖南都市频道包装、虚拟现实（VR）眼镜和斯巴鲁汽车电视商业（TVC）广告，以及一汽集团年会大屏等，还参与过微电影和游戏短视频类项目的制作。

张鸿：动态视觉设计师，曾参与制作《堡垒之夜》国服开放测试宣传片、《消除者联盟》圣诞版宣传片、《疯狂动物城》手游宣传片等大型项目。

廖梓浩： 拥有6年行业项目经验，曾参与TCL X10系列广告和UGREEN绿联、网易游戏、招商银行、工商银行宣传片等项目。

许晓婷： 资深视觉设计师，有10年以上手绘经验，擅长三维设计、平面设计、漫画/插画绘制；为多家品牌提供视觉创意服务，客户包括阿里巴巴、腾讯、农夫山泉、西安博物院、西安外国语大学、华远地产、熙地港等。

读者收获

学习完本书后，读者可以了解Cinema 4D的应用领域，熟练掌握作品的流行风格及其制作流程，并对7种流行风格的作品有进一步的认识。

本书在编写过程中难免存在疏漏之处，希望广大读者批评指正。如果读者在阅读本书的过程中有任何建议，欢迎发送电子邮件至zhaoxuan@ptpress.com.cn 联系我们。

编者
2021年12月

参考课时计划

课程名称	Cinema 4D 实战案例教材			
教学目标	使学生掌握 Cinema 4D 的实际应用技巧，学习高级渲染器及特效插件的使用方法，并能够使用 Cinema 4D 创作出三维作品			
总课时	64	总周数		8
课时安排				

周次	建议课时	教学内容	作业
1	4	Cinema 4D 商业实战入门	1
	4	Cinema 4D 的核心操作	1
2	8	小清新产品风格——悦耳随行蓝牙音箱海报设计	1
3	8	卡通角色风格——制作卡通角色风格舞动少年海报	1
4	8	运动图形风格——高级运动图形动态效果	1
5	8	写实风格——汽车场景渲染	1
6	8	赛博朋克风格——未来都市实战项目	1
7	8	X-Particles 粒子风格——头盔场景粒子实战项目	1
8	8	烟雾特效风格——汽车漂移轮胎摩擦烟雾实战项目	1

目录

第 4 课　卡通角色风格——制作卡通角色风格舞动少年海报

目录

第 5 课 运动图形风格——高级运动图形动态效果

目录

第 8 课   X-Particles 粒子风格——头盔场景粒子实战项目

第 9 课   烟雾特效风格——汽车漂移轮胎摩擦烟雾实战项目

第 **1** 课

Cinema 4D商业实战入门

三维动画技术是随着计算机硬件、软件的不断发展孕育而生的，每一次的三维动画技术革新，都会为三维领域带来巨大的变化。随着时间的推移，三维制作已经应用到工业设计、影视动画、游戏制作、室内外设计等领域。

Cinema 4D在这些方面都有涉足，全面的制作功能和便捷的用户界面使其赢得了大量设计师的青睐。不过随着软件的不断发展和进步，行业分工越来越细，每个行业慢慢形成了自己的制作领域。Cinema 4D因其出色的灵活性、易用性，以及强大的功能常被用于视觉设计领域，它以静态表现和动态表现两种形式，展示着各种绚丽的三维效果。

本课主要基于动态图形（Motion Graphics，MG）领域讲解Cinema 4D的应用，以及使用其进行设计制作的行业流程。

第1节 Cinema 4D的应用领域

动态图形设计是对所有以动画作为设计形式的设计的一种总称,它融合了平面设计、动画设计和电影语言,以丰富的表现形式将静态的视觉元素动态化。它具有极强的包容性,能和各种表现形式及艺术风格混搭。动态图形主要应用于电视栏目及频道包装、电影/电视片头、商业广告、音乐视频、舞台屏幕互动装置等中。

知识点 1 电视节目包装设计及网络电视节目制作

随着电视机的普及,电视节目开始被大量制作,节目制作的规范化、品牌化变得越来越重要。为了能更好地吸引收视群体,提升品牌价值,电视节目包装就显得格外重要,其规格、类别,以及功用的区分也越来越细致,如塑造品牌形象的各种开场类片头、ID类片头,各种推广宣传的宣传片,带有播放功能的各种导视系统等。

节目包装的制作也从一开始独立的视觉呈现,发展成有品牌意识、有整体包装思维的设计。电视节目包装发展至今,已经成为非常成熟的视觉体系设计。其中最大的变革就是画面从一开始的纯二维表现转变为融合三维表现,而其中 Cinema 4D 架构的易用性、运动图形模块的强大动画能力得到了电视节目包装及网络电视节目制作行业的极大认可,并在这个领域发挥了巨大作用。大量出色的制作公司使用 Cinema 4D 制作出了令人惊叹的画面,如图1-1所示。

图1-1

随着互联网带宽速度的提升,更多的电视节目被搬到了互联网上,这无疑是电视节目一次非常大的升级及变革,其视觉宣传及制作内容的相关设计也迎来了变革和创新。

知识点 2 商业广告

商业广告所承载的诉求是广而告之，促进销售，创造利润。所以这类片子一般都会从各种维度去表现品牌的魅力，通过易于快速记忆和传播的形式呈现给观众。

随着这几年制作技术的变革和发展，视觉呈现的华丽美感、动感十足的节奏体验给我们带来了新的惊喜。而Cinema 4D的高质量渲染、高兼容性等特点，使它除了自身的强大功能外，还能集成各种强大的插件，以及进行各种脚本与预设的使用，为它立足商业广告这个行业提供了充分的条件。

知识点 3 大屏幕视频

随着越来越多的投屏技术的发展及应用，以及商业宣传的多样化，大屏幕设计的需求变得越来越多，如企业的发布会、舞台表演的现场视频等。大屏幕视频的制作方式和电视节目包装基本一致，但画面尺寸、宽高比例、投影设备各不相同，有时还会增加一些现场效果的表现，如图1-2所示。

图1-2

知识点 4 短视频

短视频是通过互联网传播并随着移动终端的普及而快速发展起来的一种视频内容。随着"网红"经济的出现，在各种平台发布短视频进行内容宣传快速成长为一种新的宣传形式。在这个新兴的行业中，人们可以用多种方式来表达作品，投资少、周期短、见效快、效益高是短视频的最大特色，因此如何让短视频在短时间内吸引人们的眼球，得到更多关注，是制作者面临的最大难题。在这方面，Cinema 4D简单、上手快的特征，以及与Adobe After Effects后期软件高度集成、无缝衔接的工作方式，为短视频制作者提供了巨大的便利。

第2节　时下流行风格分析

设计风格会随着时间的推移而改变，时而简约大方，时而凝重深沉，时而高雅，时而灵动。所以，如果想做出具有时代感、紧跟当下流行趋势的作品，以走在时代的前沿，分析设计风格就成为设计师必修的基本功。

知识点1　清新类风格

清新类风格大多以画面清新亮丽为主要特征，具有简约时尚的特点，被各种新媒体用户所采用。随着风格的不断变化和细分，配色、制作手段也被细分和完善。而要实现这些效果，就要借助Cinema 4D强大的全局光照的计算功能，以及强大的显卡渲染器，让渲染这类效果变得既简单又快捷，从而节省大量时间与精力。

1.北欧风格

北欧风格由来已久，且影响深远。它更多出现在工业设计及室内设计领域，不仅具有简约实用、色彩淡雅、自然、不张扬的特点，还能使作品呈现出优美中不失高雅的气质。简约不一定意味着简单，色彩低调不意味着冷淡，所以它深邃的内涵和气质有助于产品宣传等活动。

图1-3所示是为了号召人们团结一致抗击新冠肺炎疫情而创作的海报，其中冷色调的色彩呼吁人们要冷静面对疫情，药剂相关的元素表达了人们最终会战胜病毒的愿景。

图1-3

2.孟菲斯风格

孟菲斯风格在色彩上常常故意打破配色规则，常用一些明快、风趣、饱和度高的明亮色彩，特别是粉红色、粉绿色等色彩，来展现各种富有个性的文化内涵。这种风格看起来有些花里胡哨，夹杂着反叛，甚至有些怪诞离奇，如图1-4所示。

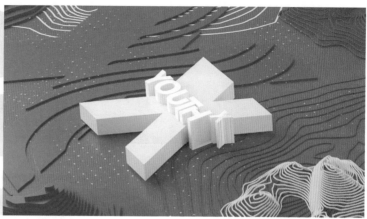

图1-4

3. 低面风格

低面风格是一种使用较少面数来表现画面元素的风格，从某种意义上来讲有一种抽象画的感觉，如图1-5所示。这种风格在几年前开始席卷网络，成为各种品牌、各种个性作品的首选。如今，低面风格已经发展出非常全面、系统的制作技法。Cinema 4D中的减面工具是制作这种风格的"利器"，利用它可以快捷地制作出各种模型的简化形态。

图1-5

知识点 2 暗调类风格

暗调类风格的特点是画面色彩厚重，强调光线与材质质感，常用于科技类或体现庄重严肃氛围的题材。Cinema 4D的硬件渲染器插件（如Octane、Red Shift）的各种对真实材质的模拟，以及模拟发光、各种物理灯光、雾效的功能，为这类风格作品的创作提供了极大的帮助。

1. 赛博朋克风格

赛博朋克风格也称为电子朋克风格，是表现硬科幻或软科幻题材的常用风格。该风格通常以阴沉晦暗的灯光、具有压迫感的高楼大厦，以及霓虹灯等作为设计元素，以蓝色、紫色、青色等冷色调为主色调，以霓虹灯光感效果丰富画面，如图1-6所示。

图1-6

2.科技类风格

科技类风格通常以体现现代科技感为主，如图1-7所示，画面经常配以比较硬核的科技元素，如CPU、电路板、粒子、光线、HUD（平视显示器）等。此类风格经常出现在以电子产品等为主的科技题材的广告、发布会中。

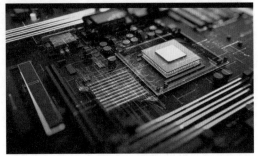

图1-7

知识点3 特效程序类风格

特效一直是视觉设计中体现美感与技术的重要手段，如图1-8所示。利用Cinema 4D强大的运动图形模块，布料、破碎、刚体、柔体等功能，以及各种强大的特效插件，常能制作出令人惊叹的视觉效果。

知识点4 写实类风格

写实类风格多见于电影领域，实现手段分为匹配合成和全三维制作两种。这种风格以仿真为目的，配合运动追踪、抠像合成等工序来完成制作，如图1-9所示。Cinema 4D R17推出的跟踪反求模块经过多个版本的不断更新与迭代，已经变得非常完善，可以独立完成摄像机的追踪、元素物体的跟踪，以及和后期的无缝衔接。

图1-8

图1-9

知识点5 角色类风格

最直接的沟通莫过于肢体、表情，以及眼神的交流，这就是角色在动画中一直被使用的主要原因。随着软件技术的不断改进，设计流程逐渐简化，这个原来大规模团队才敢涉足的领域，现在离我们越来越近。这要感谢Cinema 4D强大的角色绑定系统及其提供的各种角色类制作的解决方案。从骨骼的设置，到各种控制器的制作，Cinema 4D完全可以满足整个项目制作的所有需求，如图1-10所示。

图1-10

第3节 商业制作流程

随着行业的不断发展和进步，整个商业制作体系不断被打磨和完善，很多环节得到了优化和改进，项目制作过程变得更为高效、便捷，只要严格遵守行业的流程，即可保证项目的顺利进行。为了更为直观地了解所有的架构及内容，大家可以先看图1-11所示的流程图。

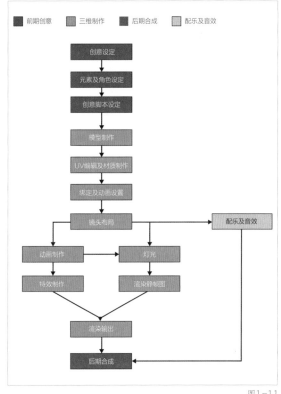

图1-11

知识点1 前期创意

项目在启动之初往往最先面临的问题是方向和想法，这就需要设计人员与客户进行大量的沟通和交流，弄清楚行动的方向和目标。客户是主导者，他们带来制作的需求和初衷；设计师是实施者，他们要用合理、专业的手段来体现客户的诉求，将客户的想法付诸具象的表现。

这个环节需要双方不断地沟通和磨合才能完成，大致分为创意设定、元素及角色设定，以及创意脚本设定3个步骤。

知识点2 三维制作

三维制作是项目制作的核心内容，因此这个环节的工作量是最多的，大致分为以下步骤。

1. 模型制作

模型制作环节是三维制作的第一个环节，非常重要。因为模型的好坏，会直接影响到后面的所有工序。建模的方式有很多种，在制作中比较常用的有以下几种。

曲面建模。这是使用曲线方式创建规则造型的首选方案，优点是精准快速。它是工业建模的首选方式。

网格（多边形）建模。这是Cinema 4D非常擅长的建模方式，它的优点是用户可以自由地创建各种生物类、不规则造型，当配合细分曲面生成器后，可以保证建模的精准性。这是时下使用率最高的建模方式，如图1-12所示。

体积建模。这是一种比较独特的建模方式，这种建模方式很早之前应用在特效领域，主要是

图1-12

生成粒子包裹外形的计算方式。这几年随着技术和理念的不断变革，高效简单的建模方式得到了更多人的青睐。这种方式将几个模型堆积到一起，通过各种融合和裁剪，再加上平滑和优化细分的处理，不需要考虑布线的处理，一个复杂的模型很快就可以完成。

2.UV 编辑

UV是u、v纹理贴图坐标的简称，它和空间模型的x、y、z轴是类似的，是将图像上的每一个点精确对应到模型物体的表面。点与点之间的间隙位置由软件进行图像光滑插值处理，这就是所谓的UV贴图。

u、v、w通常是指物体的贴图坐标，三维中使用x、y、z来表现空间的轴向。在贴图坐标中，u表示x、v表示y、w表示z。因为贴图一般是平面的，所以贴图坐标一般只用到u、v两项，w项很少用到，只有采用一些三维坐标程序生成贴图的时候才会用到。图1-13所示是一个比较标准的角色人物的UV展开效果，其中包括角色造型及衣服的UV处理。

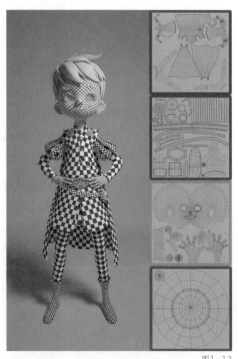

图1-13

3. 材质制作

材质是对质感的统称，它其实包括了纹理及质感两个概念。纹理大多是以图像的形式来表现物体的表面肌理，而质感则是指物体高光、反射、折射、粗糙度、发光、透明、半透明等物理属性的变化，两者结合到一起才形成了物体该有的材质效果，如图1-14所示。

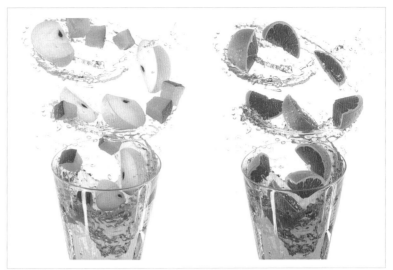

图1-14

4. 绑定及动画设置

绑定（Rigging）大多是在制作有骨骼绑定的角色类动画时需要进行的工作流程。角色类模型在制作完成后通常不能直接被动画师用来制作动画，而需要绑定设置人员为模型添加骨骼与控制器，并对骨骼的权重（Weighting）进行合理的分配。如果角色有表情动画，还需要设置各种表情及口型的变化。模型经过这样的工序后才能交给动画师，再由动画师调整控制器进行三维动画制作。

动画设置（Setting）这个工序会出现在非角色类的动画场景中，如较为复杂的机械变形或关联类动画。这些动画如果直接调整操作会非常烦琐，所以需要使用一些整合和简化的方案合理安排动画，如图1-15所示。

图1-15

5. 镜头布局及动画制作

制作具体动画之前，要先给导演提供审核的小样，通常是针对一些工作量较大的项目，如角色动画、含大量特效类的项目。这些项目在短时间内无法完成所有效果，需要用大概动画简单走位，以及给出大概的时间分配，先让导演了解片子的大致状态。

小样的质量较低，甚至只是连续拍屏动画，但通过这个动画可以看到镜头的组接、时间的切分，以及摄像机构图是否合理，如图1-16所示。如果不合理，可以随时返修改动。重新渲染拍屏的速度很快，完全不会影响制作和人员成本。因此，这是整个动画制作之初的一个非常重要的环节，也是和客户沟通交流的必要手段。

图1-16

如果上面的环节已经被客户认可，那么接下来就可以进入动画制作环节了。这里需要将动画以镜头为单位，将片子中的所有元素动画、角色表演、摄像机运动逐一调整到最好的效果。

6. 灯光

在舞台表演中，灯光具有让观众看清演员、引导观众视线、塑造人物形象、烘托情感、制造空间环境、渲染气氛的作用。现实生活中也有很多种光源的变化。只有将舞台中的灯光效果和现实中的融合才能呈现完美的灯光效果。

明亮的光感与黑暗的背景形成了鲜明的对比，让人可以更清晰地观察角色的面庞、眼神，如图1-17所示。

艳丽的色彩形成了鲜明的对比与反差，让我们不仅能看到冰冷的机械，而且能感受到角色的美感，如图1-18所示。

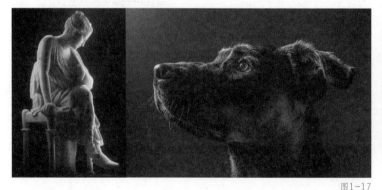

图1-17

图1-18

7. 渲染静帧图

完成以上环节的制作后，基本上就完成了三维制作的大部分内容，那现在是不是可以开始渲染制作动画了呢？目前来看还不行，因为现在还不确定导演及客户是否认可目前的制作效果。

接下来就是选择关键镜头，单独渲染出画面的静态图片，配合后期软件进行调色，并添加一些画面元素及装饰，制作出静帧创意图。我们可以使用这些图像和客户一起讨论片子的风格、色彩、构图，以及更多的画面细节等内容，如果有问题可以随时修改。

8.特效制作

特效可以理解为一种特殊的动态效果，这些动态效果无法使用常规动画来制作，需要依靠各种技术及运算来辅助制作，如刚体、柔体、破碎、烟雾、火焰、流体、布料等。因此，制作这部分内容的设计师既需要熟悉技术，又需要对艺术有一定的理解。这个环节也可以完全独立出来，它需要以制作好的动画为基础，单独调试、单独渲染，最后提交给渲染输出环节的相关人员就可以了。

9.渲染输出

这是三维制作环节中的最后一个步骤，在这一步中需要对场景做各种整理，如检查渲染模型质量是否达标，灯光和质感是否有曝光或死黑现象等。在检查无误后，就可以批量渲染出图，完成三维制作。同时，这也是衔接三维制作和后期合成最紧密的一个接口。

知识点 3 后期合成

后期合成一般指将录制或渲染完成的影片素材进行再处理加工，使其能完美呈现需要的效果。

合成的类型包括静态合成、三维动态特效合成、虚拟和现实的合成等。以制作为主的后期合成基本是三维动态特效合成，这个环节往往既可以弥补三维制作中可能存在的一些不足，又可以对三维渲染的结果进行重新调整，增加更多的效果。因此，如果后期合成使用得当，往往会使整个片子的效果得到很大的提升。

图1-19所示是后期合成软件（Adobe After Effects）中的画面。

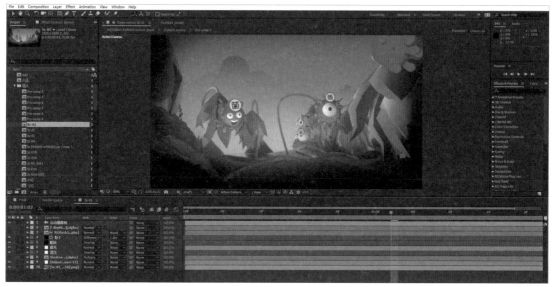

图1-19

知识点 4 配乐及音效

配乐及音效环节其实属于另一专业领域的范畴，作曲公司会和客户沟通想法，结合最终完成的动画或中间对接环节中的动画小样来编曲或制作音效，制作出符合该片节奏变化的乐曲，最后交由后期人员做整合。

以上的这些内容就是项目制作的全部流程。我们可以看到，三维制作在其中起到了非常重要的作用，它贯穿了大量的制作环节，一条片子的好与坏和三维制作有着不可分割的关系。因此，学习好三维制作是非常重要的。

本课练习题

搜寻相关网站，结合本课所讲述的内容，查看一些行业内的精品。例如站酷的影视模块，里面的大多数内容是动态图形设计方面的作品。读者可以每天浏览一些优秀作品，养成好的学习习惯，从而提高自己的眼界，增加创意的来源。

第 **2** 课

Cinema 4D的核心操作

本课讲解的内容为Cinema 4D的核心操作，其中包括软件界面及基础操作、模型的基础操作、工程渲染输出基本设置，以及Octane Render的基础设置及材质球的调节、对象标签ID的设置等。

通过本课的学习，读者可以掌握软件的基础操作。

第1节 软件界面及基础操作

本节将对 Cinema 4D 的工作界面进行介绍，并对四视图的切换、视图操作和软件的初始设置等进行讲解。通过本节的学习，读者可以对该软件有基础的了解。

知识点 1 初始界面

Cinema 4D 的初始界面由标题栏、菜单栏、工具栏、编辑模式工具栏、视图窗口、时间线面板、材质面板、坐标面板、对象面板、场次面板、内容浏览器、属性面板、层面板、构造面板和提示栏共15个区域组成。

Cinema 4D 的常用区域包括视图窗口、时间线面板、材质面板、坐标面板、对象面板和属性面板等，如图2-1所示。

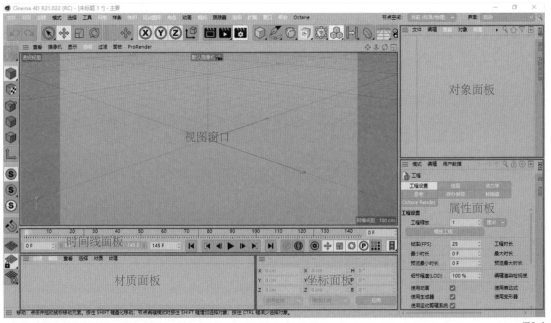

图2-1

知识点 2 认识视图

打开软件，视图窗口中默认显示的是单个视图——透视视图。视图窗口可以从显示单个视图窗口切换为显示四视图窗口，每个窗口都有自己的显示设置。窗口顶部左边为视图菜单栏，右边为视图操作按钮，如图2-2所示。

切换视图有两种方法：单击要切换的视图右上方的切换按钮；将鼠标指针放在想要切换的视图上，单击鼠标中键切换。

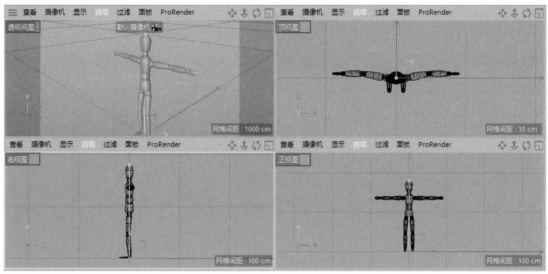

图2-2

知识点3 视图操作

用户在使用Cinema 4D时，经常会对视图窗口进行操作，以观察和编辑模型的各个部分。操作视图的方式有3种，分别是平移视图、推拉视图和旋转视图。

平移视图的方法：在平移按钮■上按住鼠标左键并拖曳，如图2-3所示；在视图窗口中按住1键和鼠标左键并拖曳，或按住Alt键和鼠标中键并拖曳。

推拉视图的方法：在推拉按钮■上按住鼠标左键并拖曳，如图2-4所示；在视图窗口中按住2键和鼠标左键并拖曳，或按住Alt键和鼠标右键并拖曳。

旋转视图的方法：在旋转按钮■上按住鼠标左键并拖曳，如图2-5所示；在视图窗口中按住3键和鼠标左键并拖曳，或按住Alt键和鼠标左键并拖曳。

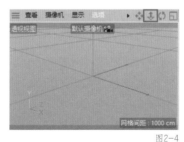
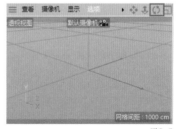

图2-3　　　　　　　　　图2-4　　　　　　　　　图2-5

知识点4 系统设置

第一次打开新安装的软件时，需要对软件进行基础的系统设置。这一方面是为了保证自己和共事人员的统一性；另一方面是为了避免项目制作过程中出现不稳定因素，导致软件报错。

1. 设置自动保存

在软件中开启自动保存功能后，可以避免项目工程由于直接退出而造成的项目工程损坏。在主菜单栏中执行"编辑-设置-文件"命令，在弹出的"设置"窗口中勾选"保存"复选框并设置自动保存的时间间隔即可，如图2-6所示。

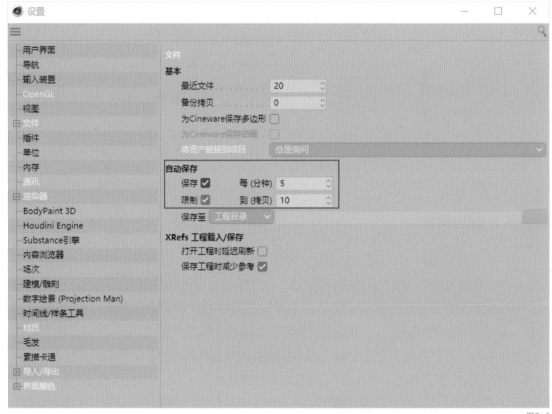

图2-6

2. 设置工程帧率与渲染输出帧率

软件默认的帧率是"30"（FPS），而我国常用的帧率是"25"（FPS）。在主菜单栏中执行"编辑-工程设置"命令，或按快捷键Ctrl+D，打开工程设置面板，将工程帧率设置为"25"（FPS），如图2-7所示。

工程帧率设置为了"25"（FPS），渲染输出帧率也需设置为"25"（FPS）。在主菜单栏中执行"渲染-编辑渲染设置"命令，或按快捷键Ctrl+B，打开"渲染设置"窗口。在"渲染设置"窗口中单击"输出"，将帧频设置为"25"（FPS），如图2-8所示。

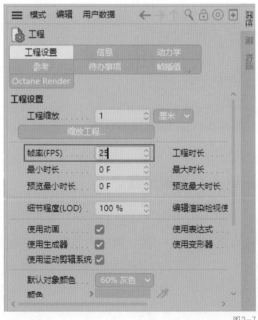

图2-7

图2-8

知识点5 文件的基础操作

新建工程。 在主菜单栏中执行"文件-新建项目"命令，或按快捷键Ctrl+N，创建一个新的工程文件。新建工程之后，不会关闭之前的工程，如需查看之前的工程，在菜单栏单击"窗口"，然后单击相应的工程名称即可。

打开与关闭项目。 在主菜单栏中执行"文件-打开项目"命令，或按快捷键Ctrl+O，打开其他工程文件；执行"文件-关闭项目"命令，或按快捷键Ctrl+F4，关闭当前工程文件；执行"文件-关闭所有项目"命令，关闭当前打开的所有工程文件。

保存文件。 在主菜单栏中执行"文件-保存项目"命令，或按快捷键Ctrl+S，保存当前编辑的文件；执行"文件-另存项目为"命令，或按快捷键Ctrl+Shift+S，将当前编辑的文件另存为一个新的文件；执行"文件-保存全部项目"命令，保存所有项目文件；执行"文件-保存工程（包含资源）"命令，打包工程，避免日后资源丢失，也方便与他人交接文件。

导出文件。 工作中常需要把项目中的文件导出为3DS、ABC、FBX、OBJ等格式，以便和其他软件进行交互，在主菜单栏中执行"文件-导出"命令，选择需要导出的格式即可。

退出项目。 项目制作完毕后，需要退出项目，一种方式是直接单击界面右上角的 × 按钮，另一种方式为在主菜单栏中执行"文件　退出"命令。

第2节 模型的基础操作

本节将对模型的基础操作进行讲解，包括模型创建与编辑、样条创建与编辑。

知识点 1 模型创建与编辑

在工具栏中单击"立方体"按钮，视图窗口中会显示对应的模型元素；长按"立方体"按钮可以选择其他的参数化模型，如图2-9所示。

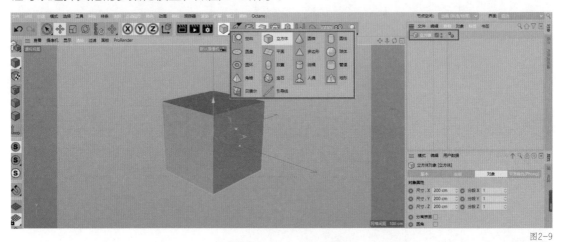

图2-9

在对象面板中单击"立方体"，在属性面板中会显示对应模型元素的属性信息，其中包括模型基本信息、坐标位置、对象信息和平滑着色标签等，如图2-10所示。不同的参数化模型显示的信息会有所区别。

在属性面板的对象选项卡中可以调整模型的形态，如模型的大小、模型分段和圆角等，如图2-11所示。不同的参数化模型显示的参数信息会有所区别。

图2-10

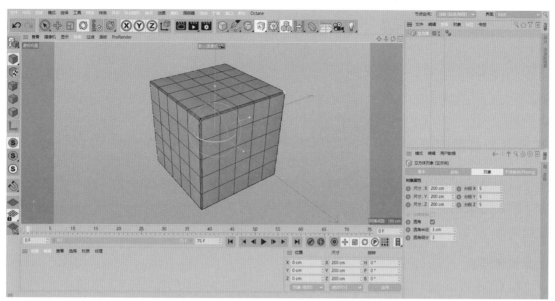

图2-11

　　直接在软件中创建出的模型，被称为参数化模型。参数化模型是可以通过参数数值进行调整的。下面讲解可编辑模型的编辑过程。

　　选择创建的立方体模型，单击编辑模式工具栏中的"转为可编辑对象"工具按钮，或按C键，把参数化模型转化为可编辑模型，此时对象面板中立方体的显示会发生变化，属性面板中的对象信息也会消失，如图2-12所示。

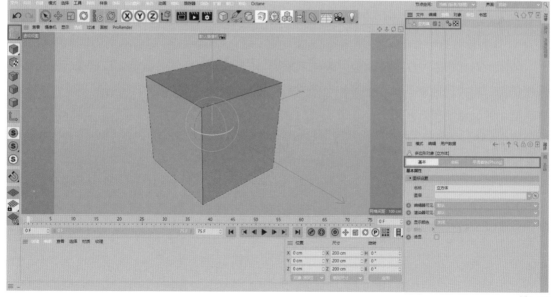

图2-12

　　模型转为可编辑对象后，可以选择点 、边 和多边形（面） 进行编辑调整，如图2-13所示。

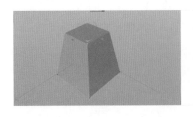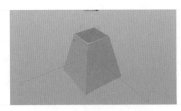

图2-13

知识点 2 样条创建与编辑

Cinema 4D的样条可以分为两类，一类是参数化样条，另一类是使用样条画笔绘制的样条。参数化样条是使用参数数值进行调整的样条，样条画笔绘制的样条可以直接选择样条点进行调整。

1. 参数化样条

在工具栏中长按"样条画笔"按钮会显示对应的样条命令和样条元素，如图2-14所示，从中可以选择不同的参数化样条进行创建与编辑。

图2-14

创建矩形样条后，在对象面板中单击"矩形"，在属性面板中会显示对应样条元素的参数属性信息，其中包括模型基本信息、坐标位置和对象信息等，如图2-15所示。不同的参数化样条显示的信息会有所区别。

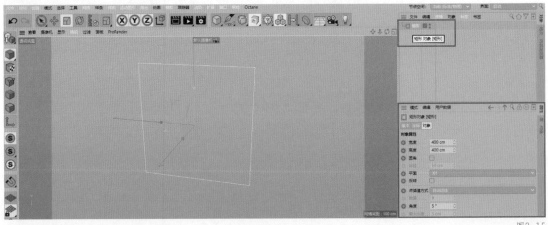

图2-15

在属性面板的对象选项卡中可以调整矩形样条的形态，如图2-16所示。不同的参数化样条显示的参数信息会有所区别。

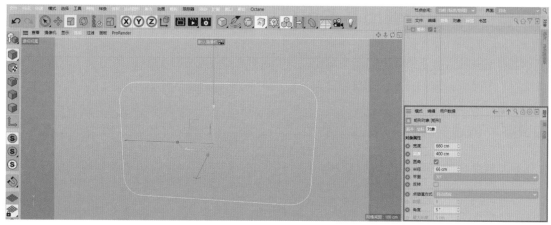

图2-16

2. 样条画笔绘制的样条

单击"样条画笔"按钮可以在视图中进行样条绘制，如图2-17所示。绘制的样条如需进行形态调整，可以在点模式下使用移动工具进行调整。

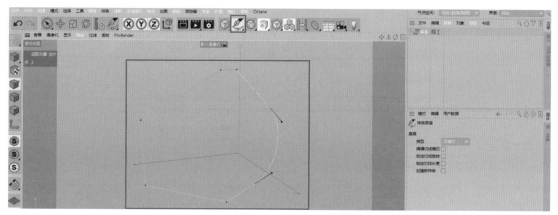

图2-17

3. 样条生成器的基本使用

样条生成器的使用原则：样条专属，与模型元素无关；样条生成器要作为样条父级使用。

下面以挤压生成器为例讲解样条生成器的基本使用方式，挤压生成器需要作为样条的父级，如图2-18所示。

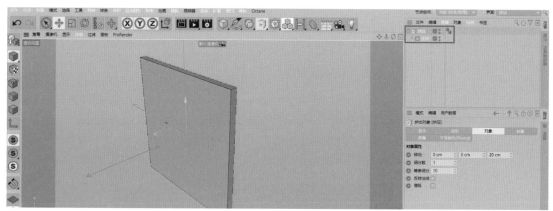

图2-18

第3节 工程渲染输出基本设置

本节将讲解工程渲染输出的基本设置，其中包括创建摄像机、设置输出帧率、设置文件保存路径、多通道设置和渲染输出等知识点。

知识点 1　创建摄像机

对工程进行输出时，需要使用摄像机进行构图。在工具栏中可以创建摄像机，如图2-19所示。

图2-19

创建摄像机后，单击 按钮，如图2-20所示。画面进入摄像机视角，进行项目工程的画面构图或角度调整。

如果需要输出摄像机推拉动画，可以对摄像机进行记录关键帧操作。选择摄像机，在时间线面板中单击"记录活动对象"按钮K帧，如图2-21所示。

图2-20

图2-21

在Cinema 4D中对元素或摄像机进行动画记录的时候，可以单击"记录活动对象"按钮添加关键帧。在Cinema 4D中添加关键帧通常叫作K帧。

知识点2 设置输出帧率

在工具栏中单击"编辑渲染设置"按钮 ⬛，打开"渲染设置"窗口，对帧率进行设置，在输出面板中设置动画关键帧的起点和终点帧数，如图2-22所示。

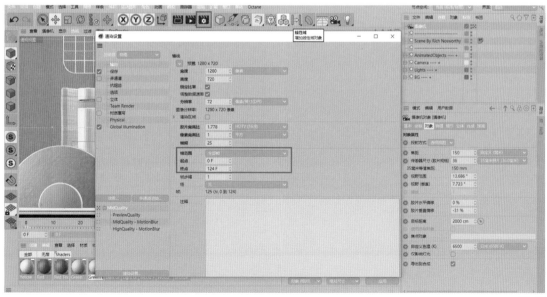

图2-22

知识点 3 设置文件保存路径

在"渲染设置"窗口中单击"保存",进入文件保存设置界面,在这里可以设置文件保存路径、输出格式、深度等。单击路径选择按钮 ▉,设置文件保存路径,如图2-23所示。

图2-23

知识点 4 多通道设置

在输出项目时,需要对项目工程中的其他通道进行渲染输出,方便后期合成使用。勾选"多通道"复选框后,单击"多通道渲染"按钮,选择需要输出的通道即可,如图2-24所示。

选择好需要输出的多通道信息后,需要设置多通道输出的文件路径,如图2-25所示。

图2-24

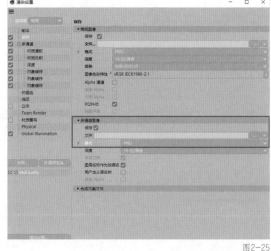

图2-25

知识点 5 渲染输出

一切准备就绪后，单击"渲染到图片查看器"按钮，如图2-26所示，或在主菜单栏中执行"渲染-渲染到图片查看器"命令，或按快捷键Shift+R，即可开始渲染。

图2-26

等待渲染时可以单击"层"选项卡，查看渲染的多通道的信息图，如图2-27所示。

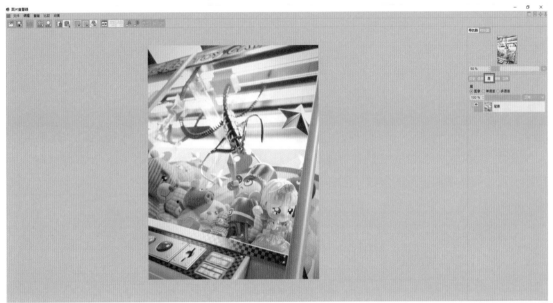

图2-27

第4节 Octane Render

Octane Render是基于GPU和物理渲染的"全能"渲染器。这意味着用户只使用计算机上的显卡，就可以快速获得更逼真的渲染结果。相比传统的基于CPU的渲染，它可以使用户花费更少的时间获得更出色的作品。因此本书中的案例会使用Octane Render（以下简称OC渲染器）进行渲染。

知识点 1 OC 渲染器基础设置

安装OC渲染器插件到Cinema 4D的插件目录中，如图2-28所示。在重启Cinema 4D后，插件会在菜单栏中显示，如图2-29所示。

> **提示** 使用OC渲染器的前提是显卡为N卡。

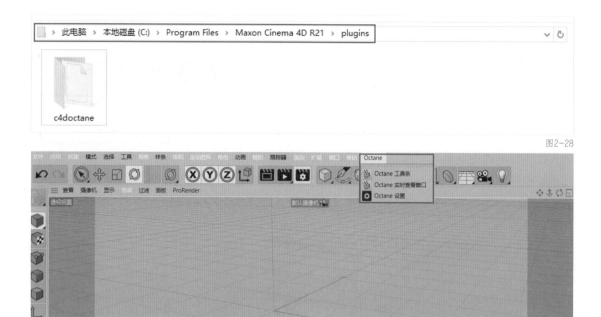

图2-28

图2-29

执行"Octane-Octane设置"命令，打开"Octane渲染设置"窗口，在该窗口中进行初始设置，具体需要设置的参数如图2-30所示。

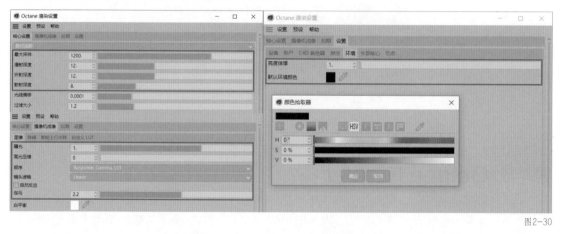

图2-30

保存上面对OC渲染器进行的设置，便于后续案例使用OC渲染器进行渲染。执行"预设-添加新预设"命令，如图2-31所示，设置好预设的名称，单击"添加预设"按钮即可。这样，后续渲染工程可以直接调用设置好的预设进行工程渲染，不必每次都要设置一遍，直接单击"渲染预设"选项即可，如图2-32所示。

图2-31

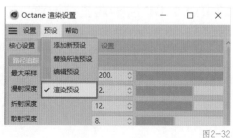

图2-32

在主菜单栏中执行"Octane-Octane实时查看窗口"命令，可以打开Octane实时查看窗口，如图2-33所示。

图2-33

▤按钮可以调整Octane实时查看窗口的界面，把浮动的Octane实时查看窗口安置在某个位置，如图2-34所示。

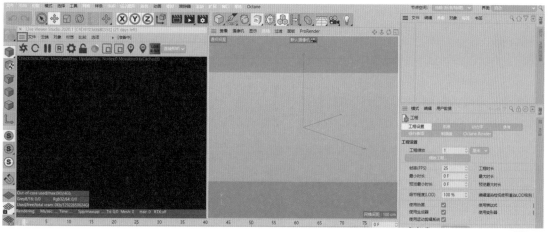

图2-34

知识点2 OC渲染器材质

OC渲染器有自己专属的材质球，因此要使用OC渲染器进行场景模型元素渲染，需要使用OC渲染器的材质球为模型元素赋予材质。

在OC渲染器的菜单栏中单击"材质"，可以看到子菜单中有很多材质，如图2-35所示。其中漫射材质、光泽材质和透明材质是使用频率比较高的材质。

◇ 漫射材质属于无反射信息的材质，常用在纸张、粗糙墙面等元素上。

◇ 光泽材质属于有高光和反射信息的材质，常用在大理石地面、有高光反射的元素上。

◇ 透明材质属于有透明信息的材质，常用在水、玻璃和钻石等元素上。

◇ 金属材质、毛发材质和卡通材质是可以直接赋予对应元素及效果的材质。

◇ 混合材质是可以把两个材质球效果混合在一起使用的材质。

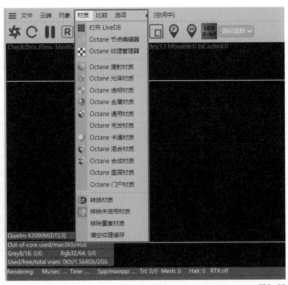

图2-35

单击对应的材质即可选择需要的材质。OC渲染器的渲染材质球也会在材质面板中显示，如图2-36所示。

图2-36

双击需要调整的材质球，打开"材质编辑器"窗口，如图2-37所示，在这里可以对材质进行调整。

知识点3 材质节点

Octane材质球的调节方式有两种，一种是在"材质编辑器"窗口中进行编辑，另一种是在"Octane节点编辑器"窗口中进行编辑。使用节点编辑器可以更加高效地进行材质调整。在"材质编辑器"窗口中单击"节点编辑器"按钮，即可打开"Octane节点编辑器"窗口，如图2-38所示。

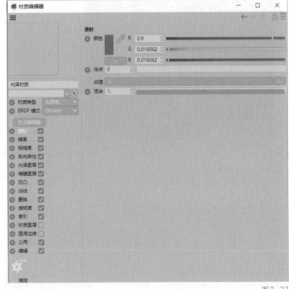

图2-37

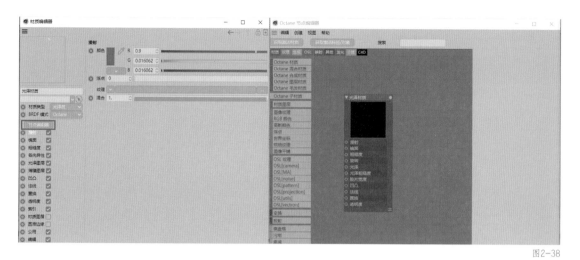

图2-38

在"Octane节点编辑器"窗口中进行材质效果调整，如为材质连接RGB节点或图像纹理节点，可对材质的颜色显示进行编辑，如图2-39所示。

制作好的材质球可以直接赋予模型。赋予模型材质的方式是在材质面板中拖曳材质球到模型的位置，如图2-40所示。

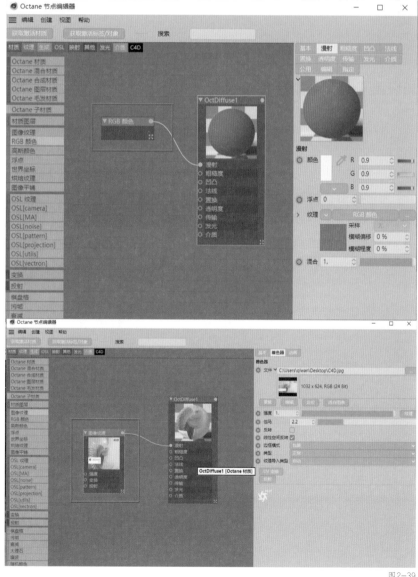

图2-39

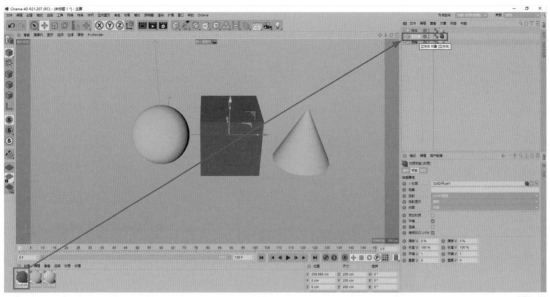

图2-40

知识点4 设置对象标签ID

使用OC渲染器进行渲染时，通常会渲染部分模型的黑白通道图及AO（Ambient Occlusion，环境/环境光吸收）等信息通道，使后期合成处理更加便捷。黑白通道图在Cinema 4D中也叫ID，ID可以在后期软件中作为亮度蒙版使用。

为模型设置对象标签ID。 为需要单独调节的模型添加Octane对象标签，如图2-41所示。

图2-41

依次为需要后期调整的模型添加Octane对象标签，并选择对象标签，在属性面板中选择对象图层选项卡，并在"图层ID"文本框中输入ID编号。所有对象标签的默认ID都是1，因此设置对象标签ID编号的时候从2开始，如图2-42所示。为每一个独立的模型元素设置不同的ID编号，这是为了方便后期对通道的使用。

图2-42

知识点 5 渲染输出设置

使用OC渲染器进行渲染测试，以及使用Octane材质球进行场景材质调整后，需要进行输出，输出时也要选择对应的OC渲染器。

图2-43

使用OC渲染器进行渲染设置，需要将渲染器选择为"Octane Renderer"，并设置好"常规图像"下的选项，如图2-43所示。

单击"Octane Renderer"，如需用OC渲染器输出多通道，可勾选"启用"复选框，并设置文件保存路径；如需输出Octane的多通道信息，可以勾选对应的复选框，如图2-44所示。

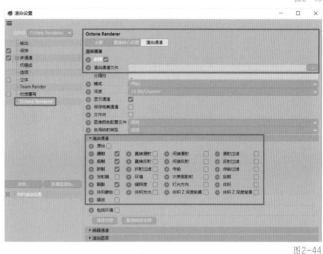

图2-44

若要渲染某个ID通道，需在"渲染设置"窗口中勾选要渲染的ID通道，如图2-45所示。

一切准备就绪后，就可以单击"渲染到图片查看器"按钮渲染输出了。

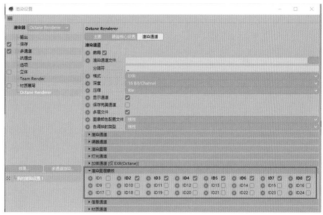

图2-45

本课练习题

本课主要讲解了 Cinema 4D 的基础操作，因此这节课的练习题为在提供的工程中练习软件的基础操作，并且使用 OC 渲染器进行材质赋予和渲染输出，如图 2-46 所示。

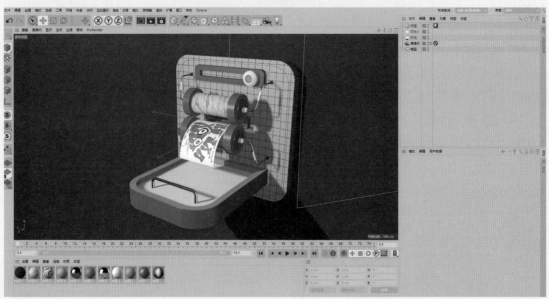

图 2-46

第 **3** 课

小清新产品风格——
悦耳随行蓝牙音箱海报设计

项目需求

◆ 基础参数：2592像素×1080像素，72像素/英寸（1英寸=2.54厘米）

◆ 风格：简约

◆ 主色调：绿色、木色

◆ 产品卖点：音箱音质佳

◆ 用户群体：对音质要求较高的人群、喜欢简约素雅风格的人群

◆ 投放渠道：电商平台首页商品广告、公交车站广告

本课目标

本课将讲解如何根据上述需求及所提供的素材，制作出图3-1所示的悦耳随行蓝牙音箱海报。通过本课的学习，读者可以深入了解小清新产品风格海报的设计思路、制作方法，以及田字格八边形打洞方法、利用Photoshop营造氛围的方法等。

图3-1

实战准备1 初识小清新风格

在商业产品广告中，小清新风格市场份额占比较大，而且随着电商广告的发展，小清新风格所占的份额逐日递增。从化妆品到电子产品，在各类产品广告的设计中都能寻见小清新风格的身影。

知识点 1 小清新风格的应用领域

"清新"是近几年比较流行的一个词，也属于一种独特的风格。小清新风格是伴随着"80后"这一代人成长的，它最初指的是一种小众音乐类型，后来逐渐扩展到广告设计领域。小清新风格的产品干净、清爽，常具备颜色明亮轻快、色调柔和、色彩搭配和谐的特点。

目前很多领域，例如服装、食品包装、室内设计、车体造型、生活用品、户外广告、网站设计等，都会使用到小清新风格的设计，如图3-2所示，但是一些精致的、年轻化的产品可能更适合使用小清新风格。设计者主要是根据产品定位来应用不同的风格进行设计。

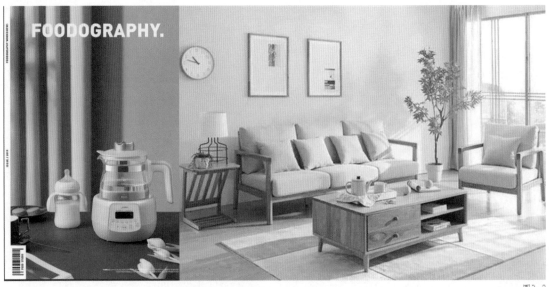

图3-2

知识点 2 小清新风格的表现形式

小清新风格大都采用简单的表现方式，如大胆的留白、简单的线条分割、大色块的运用等。这些元素的设计都很精致，它们之间可以形成松紧得体、张弛有度的关系，如图3-3所示。

图3-3

实战准备2 制订小清新风格设计方案

制订小清新风格设计方案,首先要依据客户的设计需求绘制设计草图,然后寻找符合风格的图片,从中取色,作为制作时的参考色板。

知识点1 设计草图的绘制

在设计草图的绘制中,通常会通过不同的构图方法突出产品,并寻找一些图片作为搭建场景的元素参考,如图3-4所示。这些图片中的场景或某些元素可以展现产品的主题。

图3-4

参考这些图片,我们可以提取到搭建场景时所需要的元素并加以改良、创作,最终融入场景,绘制出初步的方案,如图3-5所示。

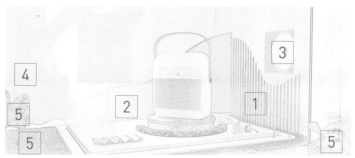

图3-5

◇ "波浪木桩"（图3-5中 1 ）的形态设计灵感来源于竖琴。竖琴音色晶莹、音域广阔、余韵悠长，让人闻之心旷神怡。而竖琴的形态类似翻滚的波浪，看起来延绵柔和。"波浪木桩"的设计借鉴了竖琴的轮廓形态，用圆形木桩来寓指琴弦，既保留了竖琴给予人的柔和舒适感，又增强了大自然的清新感。

◇ "波浪板"（图3-5中 2 ）的形态设计灵感来源于海浪。海浪多为柔和的"S"形线条，这样的线条会给予人柔和、温婉的视觉感受。而"波浪板"的设计选择放置在半开放的墙面前，可以拉长视觉空间，延展环境的通透性，让整个场景在视觉上显得更开阔。

◇ "碟片"（图3-5中 3 ）的形态设计灵感来源于黑胶唱片。黑胶唱片是在20世纪非常流行的音乐格式，音质接近原声且不易失真。"碟片"的形态设计采用镂空的方式，在原有的方形结构上保留出黑胶唱片的形态，并通过镂空增强"碟片"的设计感和通透感。

◇ 由于音响的设计简约大方，且音响音质悦耳，因此选择了"风"作为"窗帘"（图3-5中 4 ）的设计方向。整体窗帘的设计更趋向于展示被风吹拂的状态。"风"给人清新自然的印象，还可以增加场景的律动，烘托音乐的悦动感。

◇ "地毯"和"绿植"（图3-5中 5 ）的插入则可以给场景增加家的舒适感。有家的地方大多比较温馨，而"绿植"和"地毯"都是一个温馨家庭必不可少的配置。它们的融入可以增强场景的亲和力，营造温馨的氛围。

知识点 2 配色方案的定制

草图绘制完成后，需要寻找一些配色方案作为参考。例如找一些配色不错的小清新风格图片，然后针对图片的色彩进行取色，制作参考色板，如图3-6所示。

图3-6

将提取出来的配色方案色板拿给客户，经商议后，可以确定符合客户产品平面海报需求的几套配色方案。

实战准备3 技术点解析

本课将使用田字格八边形打洞法创建模型，且项目的后期还会用Photoshop中的色阶处理图片的明暗层次。这里先介绍一下田字格八边形打洞法和Photoshop中的色阶的使用方法。

知识点 1 田字格八边形打洞法

在三维软件中制作圆形孔洞有很多种方法，其中尤为重要的便是多边形建模中的田字格八边形打洞法。这个方法常用于实现各类产品上孔洞结构的制作、生物模型局部结构的延展制作。

田字格八边形打洞法是基于细分曲面结合使用的一种多边形建模技巧。在使用细分曲面建模时，为了保证模型正常，需要处理布线结构，保证主要结构上的布线均为四边形结构。而使用田字格八边形打洞法，可以使打洞后的所有面仍然保持四边形结构。

操作时，首先新建1个分段为"2×2"的平面并C掉。然后选中田字格中间的点，利用M-S倒角工具对该点进行倒角操作，得到图3-7所示的效果。

使用田字格八边形打洞法打洞后，需使用切刀工具或U-E移除N-gons线工具完善四周的布线，保持四边形结构。选中平面中间的八边形结构，使用挤压工具向里挤出凹槽，如图3-8所示。

提示 C掉指将模型转化为可编辑多边形，因该命令的快捷键为C键而得名，后均使用C掉。

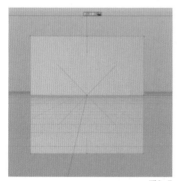
图3-7

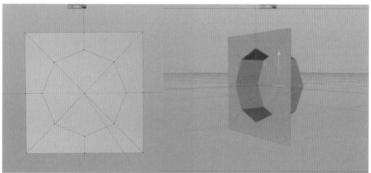
图3-8

知识点 2 Photoshop 中的色阶

色阶是用直方图描述出的整张图片的明暗信息。如图3-9所示，从左至右是从暗到亮的像素分布，黑色三角形代表最暗的地方（纯黑），白色三角形代表最亮的地方（纯白），灰色三角形代表中间调。修改色阶可以扩大图片的动态范围（动态范围指相机等能记录的亮度范围）。查看和修正曝光、调色、提高对比度等。

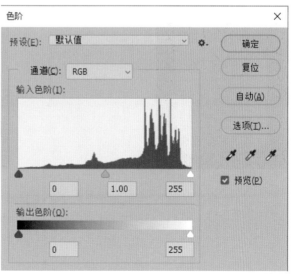
图3-9

一般软件渲染出的三维单帧图是灰蒙蒙的，暗部像素、亮部像素均有缺失，对比度不够，如图3-10所示，因此需要通过调整色阶来改善图片效果。

图3-10

局部处理时，通常在Photoshop中利用色阶调整出3层，分别为"层1-白色高亮""层2-暗部""层3-中间区域色"，如图3-11所示。

选择"层1-白色高亮"，为图层创建蒙版，用笔刷处理蒙版的黑白区域，保留单个图层需要保留的部分，如图3-12所示。利用同样的方法得到"层2-暗部"，如图3-13所示。

图3-11

图3-12

图3-13

将处理后的"层1-白色高亮""层2-暗部""层3-中间区域色"叠放在一起，得到风格化的最终效果图，如图3-14所示。

图3-14

任务1 创建产品模型

根据产品图知道音箱的结构分为皮面手提袋、金属扣、音箱箱身，其中音箱箱身下有网洞。根据产品图预估音箱箱身和手提袋的长、宽、高比例，绘制产品的3种视图，如图3-15所示。

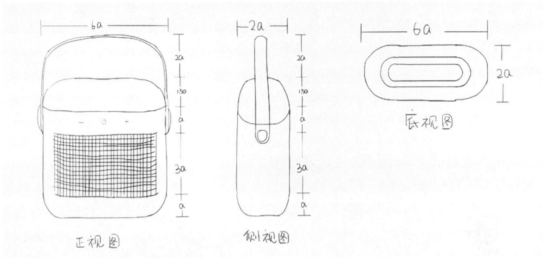

图3-15

草图绘制完成后，根据草图按照产品结构——音箱箱身下半部分、音箱箱身上半部分、皮面手提袋、金属扣4个部分来制作产品模型。

步骤 1 制作箱身的网洞部分及下半部分

新建一个平面，使用田字格八边形打洞法将其制作成一个圆形孔洞。再利用克隆工具的"网格排列"模式，制作出"24×40"的圆形孔洞阵列，如图3-16所示。

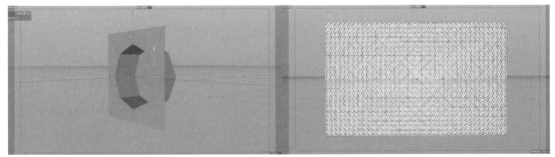

图3-16

新建4个平面，分别将它们移到阵列的四周，补充箱身缺少的平面结构，并利用连接生成器将它们连接在一起，再利用扭曲变形器制作箱身的曲面造型，最后选中这几部分执行"连接对象+删除"命令得到箱身正面结构，如图3-17所示。

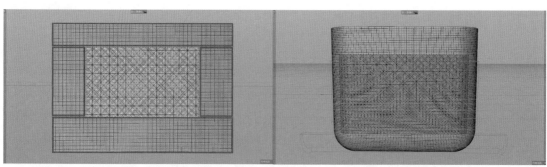

图3-17

　　使用同样的方法制作出背面结构。调整箱身背面结构和正面结构的轴心，利用"连接对象＋删除"命令得到完整的箱身，如图3-18所示。

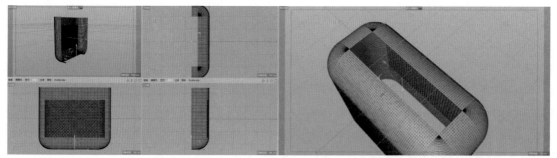

图3-18

　　观察图3-18所示的模型可以看到箱身底部还存在缺陷。选中箱身底部缺口两边的线条，使用缝合工具缝合箱底。为使底部格子的布线均匀连接，使用循环切割工具增加模型底部线条，如图3-19所示。

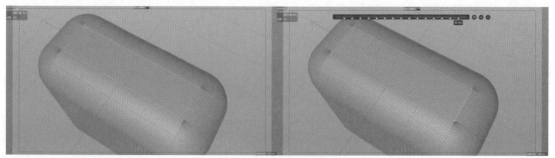

图3-19

　　选中模型，添加"连接"并C掉，消除模型后多余的孔洞布线，得到箱身下半部分，如图3-20所示。

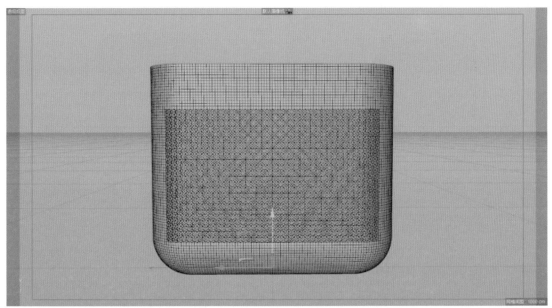

图3-20

步骤 2 制作箱身的上半部分

选中箱身下半部分，框选箱身下半部分的无孔洞面，使用分裂工具分裂出"箱身4"，如图3-21所示。

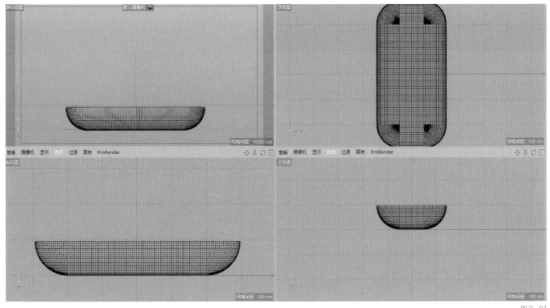

图3-21

选中"箱身4"，旋转并向上移动至与箱身下半部分贴合。给"箱身4"添加FFD变形器，使上半部分结构变长，得到图3-22所示的效果。选中"箱身4"和"FFD"，执行"当前状态转对象"命令，得到箱身上半部分，如图3-23所示。

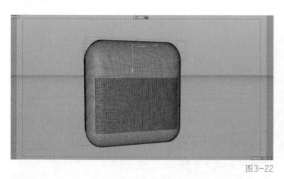

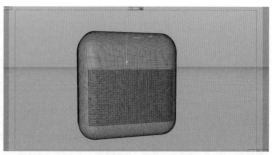

图3-22

图3-23

步骤3 制作音箱的手提袋

制作手提袋的基础型。使用画笔工具绘制"样条1"，新建"平面"并C掉，添加样条约束变形器作为"平面"子集使用，将绘制的"样条1"拖曳到"样条约束"属性面板的参数选项卡中，得到音箱手提袋模型雏形，如图3-24所示。

选择手提袋两侧的点调整位置，并选中模型，使用挤压工具挤出厚度，调整手提袋的基础型，如图3-25所示。

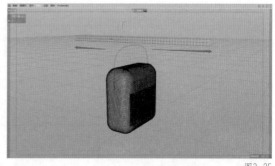

图3-24

图3-25

选中模型，使用循环切刀工具卡线，如图3-26所示。给模型添加细分曲面生成器，使模型两端得到半圆弧结构，模型四周具有圆角。将"样条1"和"细分曲面"打组，得到模型"手提袋"，如图3-27所示。

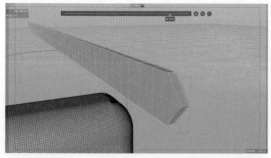

图3-26

图3-27

步骤 4 制作金属扣

制作金属扣的基础型。紧贴手提袋，新建"圆柱"。将"圆柱"转为可编辑多边形，并选中所有点，使用优化工具连接。选中"圆柱"正面，使用循环切割工具给面增加细分，如图3-28所示。

选中"圆柱"，上表面使用挤压工具，向外挤出厚度，得到图3-29所示的效果。

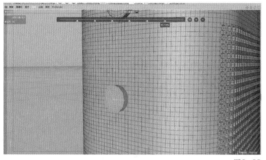
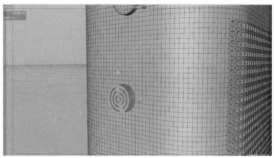

图3-28 图3-29

为使模型得到圆角、表面变得更加圆润，给"圆柱"添加细分曲面生成器，得到半边金属扣模型，如图3-30所示。以世界中心为轴心，添加对称生成器，得到最终模型"金属扣"，如图3-31所示。

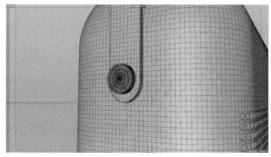

图3-30 图3-31

任务2 搭建场景

搭建场景时，优先制作场景中风格化的小元素，然后在网络平台下载搭建时使用的辅助模型素材，下载时要注意是否存在版权问题。在准备好模型后，依据设计好的草图搭建场景。

步骤 1 制作窗帘

分别绘制窗帘底部和顶部样条，并添加放样生成器。调节"放样"模型的分段数，将分段数减少到最低。C掉"放样"得到"窗帘基础模型"，如图3-32所示。

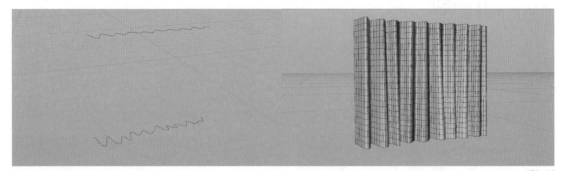

图3-32

添加模型细节。选中"窗帘基础模型"，添加随机效果器作为其子级使用。修改"随机"参数选项卡中的参数，将变形类型调整为"点"，并调整位置参数，使窗帘上的点分布得更无规律。为"窗帘基础模型"添加FFD（Free Form Deformation，自由变形）变形器，调整模型的造型，如图3-33所示。

打造圆滑模型表面。选中"窗帘基础模型"，添加细分曲面生成器，得到模型"窗帘"，如图3-34所示。

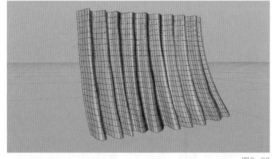

图3-33

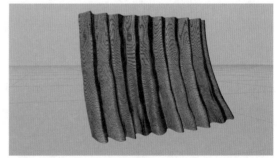

图3-34

步骤 2 制作波浪木桩

新建圆柱，并添加"克隆"，选择"线性"模式，得到木桩阵列作为波浪木桩的基础形态，如图3-35所示。为"克隆"添加运动图形中的简易效果器，并为"简易"添加"线性域"，调整"线性域"的范围塑造木桩的造型，如图3-36所示。

图3-35

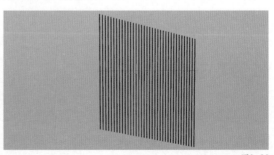

图3-36

进入"简易"属性面板，在参数选项卡中调整位置的相关参数，在衰减选项卡中将线性域的"轮廓模式"设置为"曲线"，并调整样条的曲线，得到"波浪木桩"，如图3-37所示。

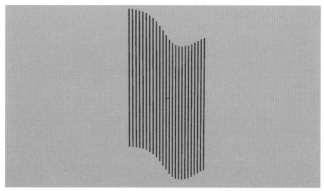

图3-37

步骤 3 制作波浪板

使用样条画笔工具绘制样条，并为其添加挤压生成器挤出厚度，在"挤压"的属性面板中调整封盖选项卡中的"尺寸"，添加圆角细节，最终得到"波浪板"，如图3-38所示。

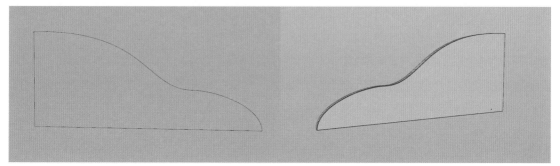

图3-38

步骤 4 制作波浪装饰

新建公式样条，调整"公式"的相关参数，使样条呈现出5个波峰和5个波谷，然后将其C掉。框选样条的所有点，执行"创建轮廓"命令得到"波浪样条"，如图3-39所示。

选中"波浪样条"，添加挤压生成器挤出厚度，调整封盖选项卡中的"尺寸"添加圆角细节，最终得到"波浪装饰"，如图3-40所示。

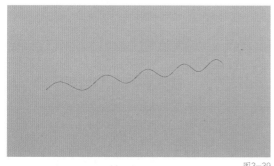

图3-39

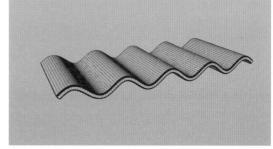

图3-40

步骤 5　制作碟片

　　创建圆环样条。添加"克隆"，调整为"线性"模式，并调整"克隆"对象选项卡参数，得到基础线框。C掉"克隆"，并选择C掉后得到的所有线，执行"连接对象＋删除"命令得到"样条1"，如图3-41所示。

　　添加中间结构线。创建样条"圆环1"，调整相关参数后C掉。选中"样条1"和"圆环1"，执行"连接对象＋删除"命令得到"样条2"，如图3-42所示。

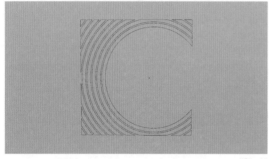

图3-41

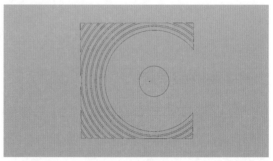

图3-42

　　选中"样条2"，添加挤压生成器挤出厚度。调整"挤压"对象选项卡参数，调整封盖对象选项卡中"两者均为倒角"的"尺寸"参数，得到"碟片"，如图3-43所示。

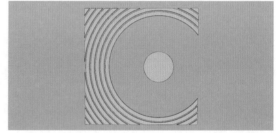

图3-43

步骤 6　结合设计方案搭建完整场景

　　创建立方体，调整尺寸，搭建场景墙面和地面，并从预设库中分别调取地毯、台阶、置物台放置到图3-44所示的位置。

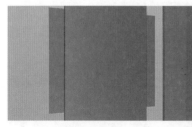

图3-44

　　将窗帘、波浪木桩、波浪板、波浪装饰、碟片等装饰物和音箱置入场景，并放置到合适的位置。然后从预设库导入绿植等装饰物，放置到场景中，如图3-45所示。

图3-45

任务3 设置摄像机和灯光

制作画面时，通常需优先确定摄像机构图。确定好构图后，依据需要营造的图片氛围，按照投影方向、高亮区域分别添加灯光。

步骤 1 使用摄像机确定构图

新建目标摄像机，将目标点放置在音箱中间，并向后拖曳摄像机，如图3-46所示。

勾选摄像机合成选项卡中需要的合成辅助复选框，启用参考线功能，在参考线的辅助下调整摄像机构图至合适位置，如图3-47所示。

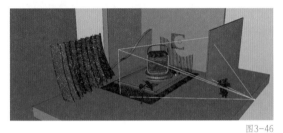
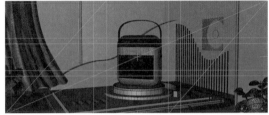

图3-46 图3-47

步骤 2 场景布灯

创建区域光为场景主要光源，并调整灯光角度至投影达到合适的方向，如图3-48所示。

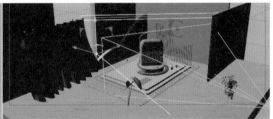

图3-48

创建辅助光源，关闭灯光投影并调整灯光角度对场景环境光源进行补充，如图3-49所示。

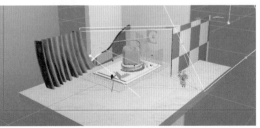

图3-49

新建灯光若干并调整灯光角度，分别对墙面、音箱高亮处进行光照补充，如图3-50所示。

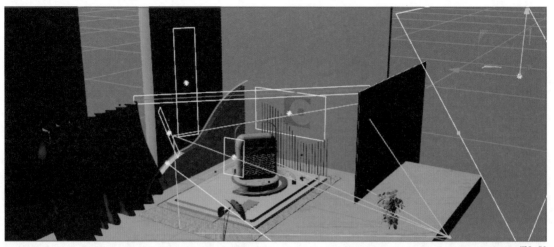

图3-50

任务4 创建产品材质

本案例使用OC渲染器制作材质。制作时，渲染设置引用第2课第4节中讲解的OC渲染设置。刻画材质时，需明确材质类型，依据类型调取相应的材质预设，并调整参数，得到与需求相符的材质。

步骤1 设置音箱箱身材质

制作音箱基础材质。新建光泽材质，调整材质球颜色、UV、贴图模式，得到"音箱材质01"，如图3-51所示。

制作音箱贴图部分材质。新建光泽材质，调整材质球颜色，得到"音箱材质02"，如图3-52所示。

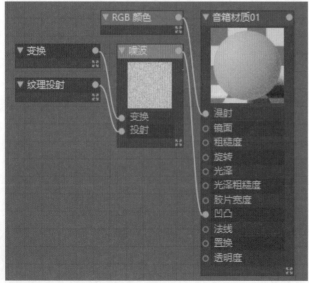

图3-51　　　　　　　　　　　　　　　　　　　　图3-52

　　制作音箱箱身材质。新建混合材质，分别添加"音箱材质01"和"音箱材质02"，并添加图像纹理节点，连接绘制好的音箱按钮黑白图，得到"音箱材质03"，如图3-53所示。

　　为模型添加材质。将"音箱材质01"赋予"箱身上半部分"，将"音箱材质03"赋予"箱身下半部分"，如图3-54所示。调整"音箱材质03"的UV和贴图模式至按钮贴图可以正常匹配至"箱身下半部分"的正确位置，如图3-55所示。

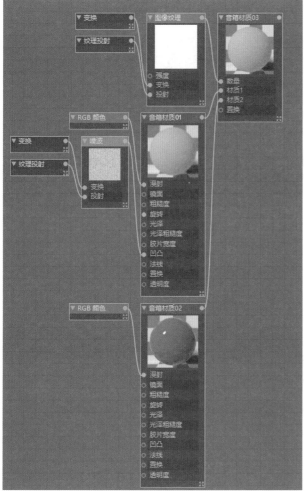

图3-53

图3-54

图3-55

步骤2 设置音箱手提袋材质

　　导入"皮革"材质预设，调整其UV大小与投射方式，如图3-56所示。

　　调整材质球颜色。将漫射通道连接到图像纹理节点，并添加渐变节点，调整渐变节点的颜色，得到"音箱手提袋材质01"，如图3-57所示。

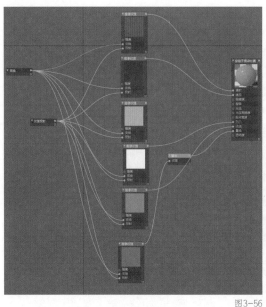
图3-56

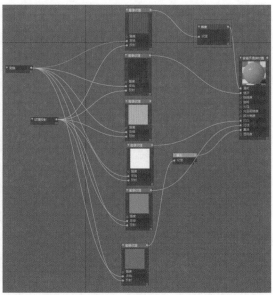
图3-57

　　复制两份"音箱手提袋材质01"，分别调整漫射通道的渐变节点颜色，得到"音箱手提袋材质02"与"音箱于提袋材质03"，如图3-58所示。

　　将"音箱手提袋材质01"赋予音箱手提袋内侧，将"音箱手提袋材质02"赋予音箱手提袋侧面，将"音箱手提袋材质03"赋予音箱手提袋上侧，如图3-59所示。

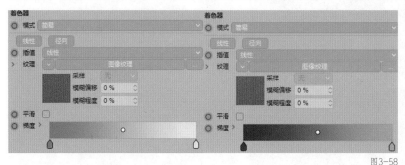
图3-58

图3-59

步骤3 设置音箱金属扣材质

　　新建光泽材质，关闭漫射通道，为镜面通道添加RGB颜色节点并调整颜色，如图3-60所示。

　　调整反射强度。调整材质球索引通道，将"索引"设置为"1"，得到"音箱金属扣材质"，将"音箱金属扣材质"赋予音箱金属扣，如图3-61所示。

　提示　索引通道需要在材质编辑器窗口中调整。

图3-60

图3-61

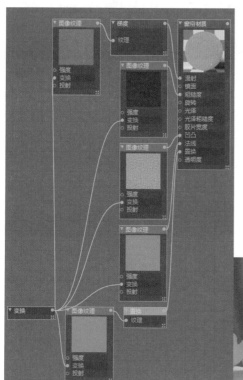

任务5 设置场景内辅助元素材质

本任务不同模型使用的材质设置方法类似，下面仅挑选重要材质的设置方法进行讲解。

步骤 1 设置窗帘材质

导入预设材质球，为漫射通道连接的图像纹理节点添加渐变节点，并调整渐变节点的颜色，得到"窗帘材质"并将其赋予模型，如图3-62所示。

图3-62

步骤 2 设置波浪板材质

制作波浪板主体材质时，新建透明材质，为传输通道添加RGB颜色节点，并调整为浅绿色，得到"波浪板材质"；制作辅助材质时，新建漫射材质，为发光通道添加黑体发光节点，得到"波浪板发光材质"，如图3-63所示。

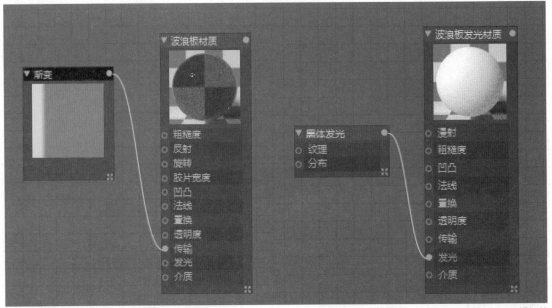

图3-63

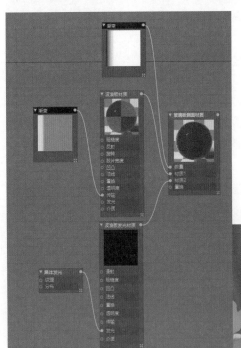

制作波浪板侧面边缘材质时，新建混合材质，置入"波浪板材质"和"波浪板发光材质"，添加渐变节点对两个材质进行混合，得到"波浪板侧面材质"。将"波浪板材质"赋予波浪板正面；将"波浪板侧面材质"赋予波浪板侧面边缘，并调整该材质渐变节点参数，如图3-64所示。

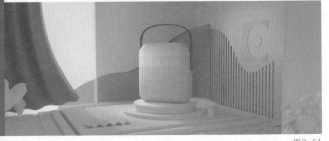

图3-64

步骤3 设置墙面材质

首先，同窗帘材质的制作方法一样，得到"墙面材质"。然后，新建漫射材质，为发光通道添加黑体发光节点，得到"墙面发光材质"。最后，将"墙面材质"赋予墙面，将"墙面发光材质"赋予墙面和窗帘紧邻的侧面，如图3-65所示。

图3-65

步骤 4 设置前景墙材质

　　首先，新建透明材质，将传输通道依次连接衰减、梯度节点，并调整梯度节点的颜色得到"前景墙材质"。然后，新建透明材质，为传输通道添加RGB颜色节点，并调整为深绿色，得到"前景墙侧面材质"。最后，将"前景墙材质"赋予前景墙，将"前景墙侧面材质"赋予前景墙侧面，如图3-66所示。

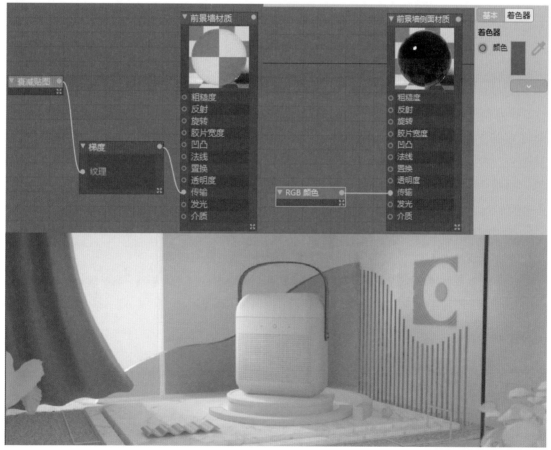

图3-66

步骤 5 设置地面装饰材质

　　导入预设材质球，为漫射通道连接的图像纹理节点添加渐变节点、色彩校正节点，并调整参数，得到"底座材质01"，如图3-67所示。

　　导入预设材质球，为漫射通道连接的图像纹理节点添加渐变节点，并调整渐变节点的颜色，得到"材质01"。新建光泽材质，为漫射通道添加RGB颜色节点，调整索引通道的"索引"参数，得到"材质02"。新建混合材质，将"材质01""材质02"通过衰减节点连接，得到"底座材质02"，如图3-68所示。

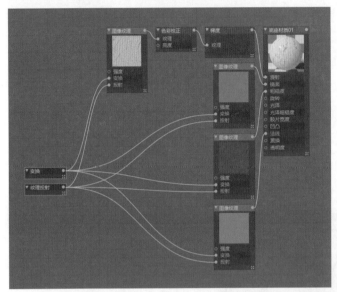

图3-67

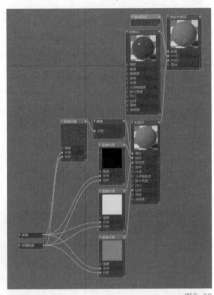

图3-68

　　导入预设材质球，为漫射通道连接的图像纹理节点添加渐变节点，并调整渐变节点的颜色，得到"底座材质03"，如图3-69所示。

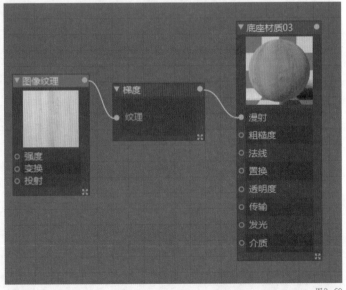

图3-69

分别将"底座材质01""底座材质02""底座材质03"赋予模型，如图3-70所示。

图3-70

步骤6 设置绿植材质

新建光泽材质，将准备好的贴图连接至对应的通道，得到"绿植材质01"。同理得到"绿植材质02"和"绿植材质03"。将"绿植材质01"赋予左侧绿植模型，将"绿植材质02"和"绿植材质03"赋予右侧绿植模型，如图3-71所示。

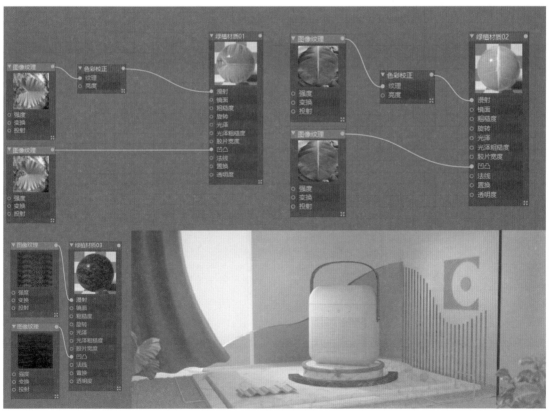

图3-71

提示 波浪木桩、波浪装饰、碟片、地面、地毯、地砖等其他装饰物的材质制作方法同窗帘材质一致。

任务6 渲染设置及输出

渲染时，通常会渲染部分模型的黑白通道图及AO等信息通道，使后期合成处理更加便捷。

步骤 1 设置对象标签 ID

依次为所有模型添加Octane对象标签，并添加不同的图层ID编号。图3-72所示为其中一个模型的Octane标签设置。

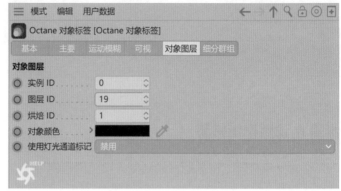

图3-72

步骤 2 调整渲染设置

引用第2课第4节中讲解的OC渲染设置进行基础输出设置。勾选OC渲染器中需要导出的ID通道和“AO”通道复选框，如图3-73所示。

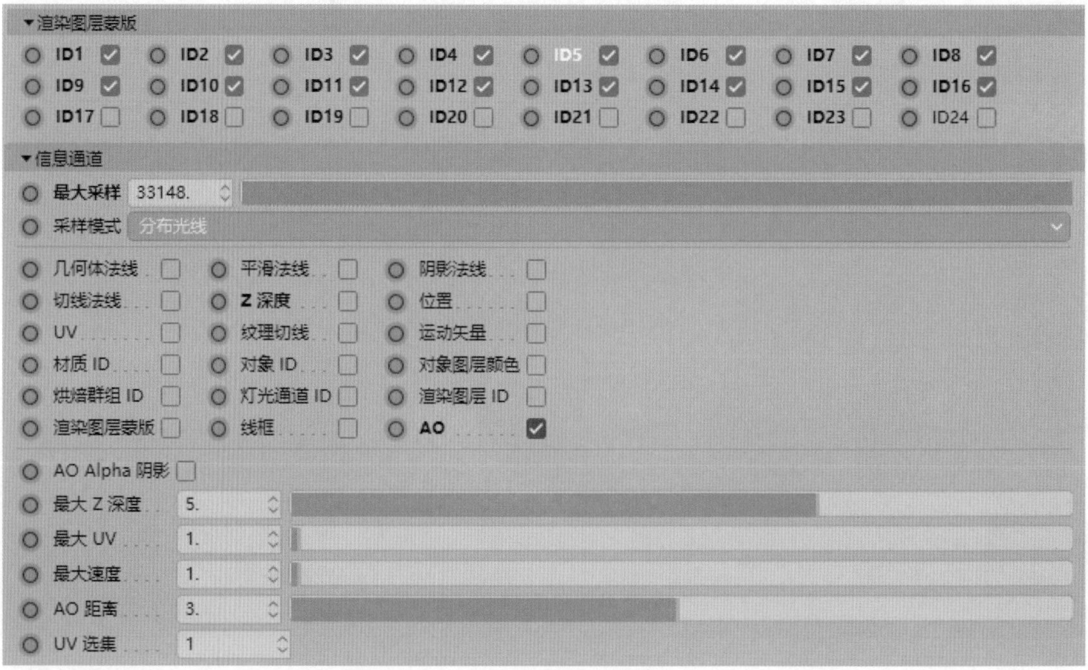

图3-73

步骤 3 渲染输出

　　使用渲染器输出调整好的图和步骤2中设置的通道，输出后检查渲染图、通道图是否完整，如有缺失立刻补充渲染，如图3-74所示。

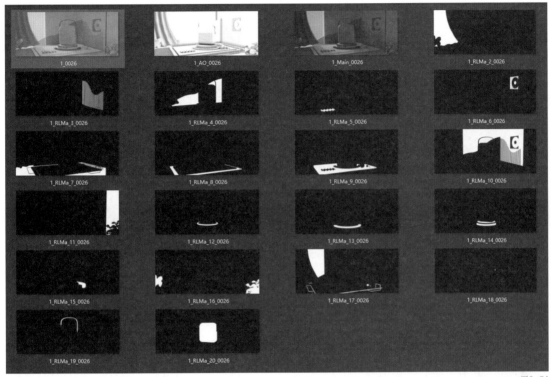

图3-74

任务7 产品图后期调色

　　产品图精修时，我们需要使用渲染出的通道层在Photoshop中对渲染图进行细节分层，从而达到一个零件一个组的目的，方便后期局部调色，如图3-75所示。

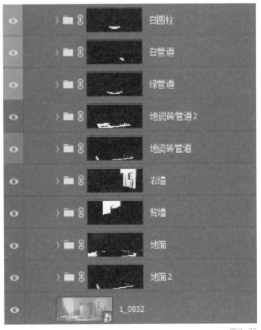

图3-75

步骤 1 调整音箱各部分的黑白关系

使用色阶和图层蒙版分别对音箱箱身、手提袋和金属扣进行处理。对于箱身要强调靠近光源附近的亮度；对于手提袋既需加强明暗处理，又要尽可能保证皮革质感的呈现；对于金属扣则需加强高亮处的明暗对比，以及金属质感的刻画。具体效果如图3-76所示。

图3-76

步骤 2 调整辅助元素的黑白关系

使用色阶和图层蒙版调整辅助元素的黑白关系。

在处理窗帘材质时，需提亮靠近光源处的边线，其他部分为背光，调整时不宜过度提亮；在处理波浪板材质时，需注意被窗帘遮挡和被光源照射处的明暗分界线需保留；在处理墙面材质时，需注意两面墙交接的墙角处的处理，此处为无光源照射的地方，可使用"环境吸收"通道叠加，加强墙角的刻画。具体效果如图3-77所示。

图3-77

　　处理前景墙材质时，前景墙为玻璃材质，因此需注意加强玻璃的通透感，可绘制白色层作为素材，叠加至前景墙被光源照射处，达到提亮的目的；处理地砖、地面装饰材质时，可通过加强暗部区域的处理，强调光源附近的亮度，达到突出地砖受光面的目的。具体效果如图3-78所示。

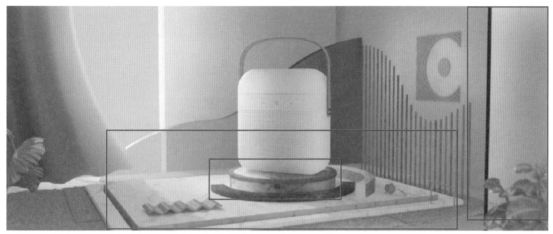

图3-78

　　处理背景材质时，因背景产生光源，所以可绘制白色层作为素材，叠加至前景墙被光源照射处，达到提亮的目的；处理其他装饰物材质时，可使用"色相饱和度"对物体的颜色分别进行调整，以匹配当前场景。具体效果如图3-79所示。

图3-79

步骤 3 产品图写实处理

　　调整亮度、明暗对比度对产品图进行写实处理。处理时，添加"亮度/对比度"和"色阶"，对全图的亮度进行综合调整，达到增强写实感的目的，如图3-80所示。

图3-80

　　处理颜色时，添加"色相饱和度"和"照片滤镜"，对全图的颜色进行风格化处理，如图3-81所示。

图3-81

　　调整明暗对比造成全图暗部区域颜色的减弱，因此可通过叠加"环境吸收"通道，达到暗部区域颜色补充的目的。这样处理可增强全图的结构层次，如图3-82所示。

图3-82

分别添加"亮度/对比度""场景模糊""锐化""添加杂色"等增强图片的层次感，如图 3-83所示。

图3-83

任务8 产品图平面海报制作

为主题名和配文选择合适的字体并拼接排列，添加点、线元素作为辅助元素排列至文字周边，然后调整字体颜色、辅助元素颜色得到最终的海报，效果如图3-84所示。

图3-84

本课练习题

实战项目：响你所想平面海报设计（图3-85）。

核心知识：小清新风格场景搭建、渲染调色、海报制作。

基础参数：2592像素×1080像素，72像素/英寸。

作业要求：

1. 使用 Cinema 4D 参考草图制作音箱模型并搭建场景；

2. 添加场景材质灯光；

3. 分层渲染并使用Photoshop调色合成小清新风格海报效果图；

4. 作业需符合尺寸、分辨率的要求；

5. 作业需要有标题和宣传文案信息。

图3-85

第 **4** 课

卡通角色风格——
制作卡通角色风格舞动少年海报

项目需求

◆ 基础参数：1920像素×1050像素，72像素/英寸

◆ 风格：卡通

◆ 主色调：橙色、浅蓝

本课目标

本课将讲解如何根据上述需求及所提供的素材，制作出图4-1所示的卡通角色风格舞动少年海报。通过本课的学习，读者可以深入了解卡通角色风格海报的制作方法、设计思路，以及人物身体比例关系的确定、利用Adobe After Effects后期合成的方法等。

图4-1

实战准备1 初识卡通角色风格

随着市场行业的发展，卡通角色的兴起为商业广告注入了新鲜血液，在商业广告中应用越来越广泛。

知识点1 卡通角色风格的应用领域

目前很多领域，例如商业广告、电影/电视、短视频、栏目包装、室内设计、网站设计等，都会使用到卡通角色风格设计，如图4-2所示。

图4-2

知识点2 卡通角色风格的特点

卡通角色风格的最大特点就是角色的造型比较夸张，色彩比较鲜艳、活泼，如图4-3所示。

图4-3

实战准备2 制订卡通角色风格设计方案

在搜索引擎中输入卡通、角色、三维等关键词，在相关的网站上浏览，寻找灵感，便于为后续的创作提供帮助。

知识点1 设计草图的绘制

寻找一些图片作为身体比例和身体各部位形状的参考，然后手绘角色草图并确认后续创作的方向，如图4-4所示。这些图片中的场景或某些元素可以展现产品的主题。

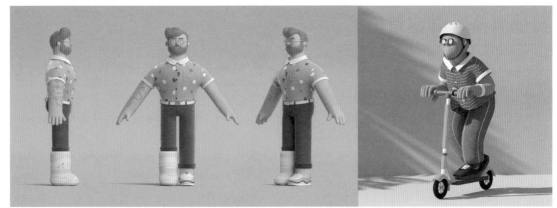

图4-4

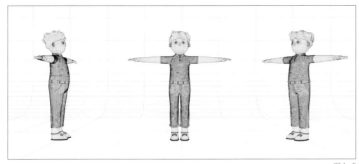

参考这些图片，提取搭建场景所需要的元素并加以改良、创作，然后绘制成草图作为初步的方案，如图4-5所示。

图4-5

知识点2 配色方案的定制

草图绘制完成后，需要寻找一些配色方案作为参考。例如找一些配色不错的卡通角色风格图片，然后针对图片的色彩进行取色，制作参考色板，如图4-6所示。

将提取出来的配色方案色板拿给客户，经商议后，可以确定符合客户产品平面海报需求的几套配色方案。

图4-6

实战准备3 绑定骨骼的3种方法

绑定骨骼常用的方法有3种，分别是手动绑定骨骼、使用MIXAMO网站绑定骨骼、结合MIXAMO网站使用角色模块绑定骨骼。

手动绑定在局部绑定中用得比较多，手动绑定比自动绑定更易操作，对于角色的控制也比较便捷；使用MIXAMO网站绑定骨骼更大的优势在于可以直接在网站上预览并下载动画；Cinema 4D R21中的角色模块做了一个非常人性化的升级，能够非常快捷地对MIXAMO中导出的骨骼进行控制器的绑定。

下面打开素材中的"角色案例.c4d"文件，在此基础上练习3种绑定骨骼的方法。

知识点 1 手动绑定骨骼

首先在主菜单栏中执行"角色-关节工具"命令，启用关节工具，在关节工具的属性面板中取消勾选"空白根对象"复选框，如图4-7所示，这样在创建关节的时候软件就不会自动创建出空白组。

图4-7

1.创建胳膊关节

胳膊关节分为肩关节、肘关节和手腕关节。在正视图中，按住Ctrl键分别在肩膀和手腕处单击创建关节，按住Shift键在胳膊肘处单击添加子关节，如图4-8所示。在正视图和顶视图中按住7键调整关节位置，并起好名字，如图4-9所示。

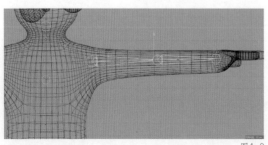

图4-8

图4-9

2.创建手关节

手关节分为掌指关节、第二指间关节和第一指间关节。在边模式下，选中大拇指根部循环线，按住Shift键，执行"角色-转换-所选到关节"命令，创建出掌指关节，如图4-10所示。

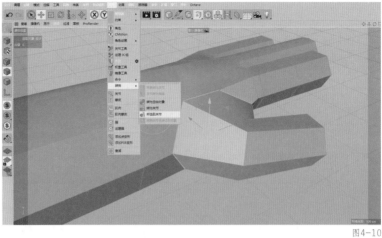

图4-10

执行相同操作和命令创建第二指间关节和第一指间关节。关节层级是第一指间关节作为第二指间关节的子级，第二指间关节作为掌指关节的子级，如图4-11所示。

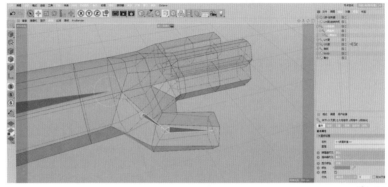

图4-11

其他手指关节的创建操作方法相同。创建出手指关节后将手指关节作为手腕关节的子级，如图4-12所示。

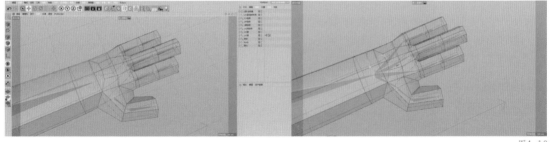

图4-12

3.创建手腕控制器

选中"L大臂、肘关节和手腕"关节，在主菜单栏中执行"角色-创建IK链"命令，如图4-13所示，将"L手腕.目标"旋转属性归零。新建"圆环"，创建的圆环默认垂直于地面，将圆环平面改为"XZ"平行于地面，将圆环作为"L手腕.目标"的子级，单击"PSR"按钮使其对齐到父级，位置一致，并将圆环缩放到合适的大小，如图4-14所示。将"圆环"设为"L手腕.目标"的父级，作为手腕控制器，"冻结"圆环属性，方便后期快速选取手腕控制器。

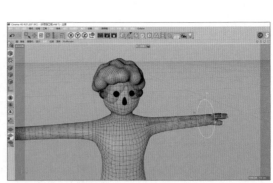

图4-13　　　　　　　　　　　　　　　　　图4-14

将手腕关节旋转属性约束到手腕控制器上。选中"L手腕"关节，单击鼠标右键执行"装配标签-约束"命令，在属性面板中勾选"PSR"复选框，把"手腕控制器"拖曳至"目标"，并取消勾选"位置"复选框，勾选"偏移"下的"维持原始"复选框，这样手腕关节不会向后反转，如图4-15所示。

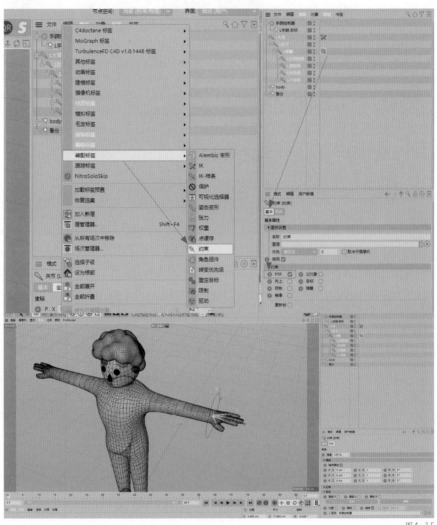

图4-15

4.创建肘关节控制器

选中"IK"标签，在属性面板中单击"添加旋转手柄"按钮，将"旋转手柄"位移至肘关节的后面，在属性面板的对象选项卡中将显示"圆点"改为"球体"，方向改为"XY"，这样肘关节控制器便从手臂根部延伸出来；在IK标签的显示选项卡中将极向量改为"关节"，这样肘关节控制器便从肘关节处延伸出来，如图4-16所示。

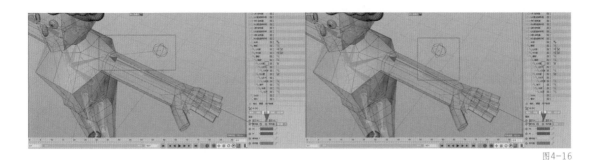

图4-16

5.模型绑定

使用鼠标中键单击胳膊关节，选中所有关节，按住Ctrl键加选角色模型，执行"角色-绑定"命令，如图4-17所示。绑定之后可以选中控制器，调整角色的姿势。

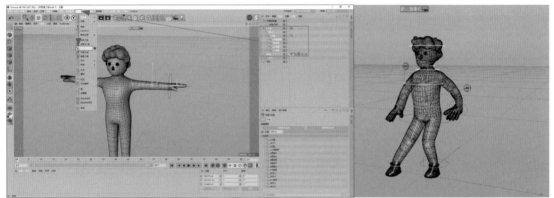

图4-17

知识点 2 使用 MIXAMO 网站绑定骨骼

MIXAMO网站支持FBX、OBJ和ZIP格式，通常使用OBJ格式进行导入。

在Cinema 4D中，将角色模型整理成一个模型，执行"文件-导出-Wavefront OBJ（*.obj）"命令，如图4-18所示，导出OBJ模型。

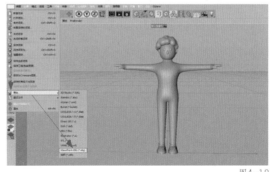

图4-18

登录MIXAMO网站，单击"FIND ANIMATIONS"按钮，在弹出的面板中将导出的OBJ模型拖曳至"Select character file or drop character file here"处，如图4-19所示。

图4-19

单击"NEXT"按钮，在对话框中按照提示将标记点拖曳至相应位置，如图4-20所示。单击"NEXT"按钮，模型被加载到场景当中，如图4-21所示。

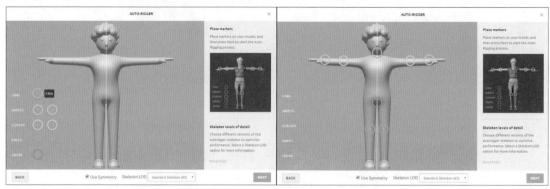

图4-20

图4-21

在窗口右侧单击"DOWNLOAD"按钮，可以直接下载T型姿势模型，如图4-22所示。

在窗口左侧选择"动作"进行播放查看，如果手臂和身体有穿插，则在右侧属性面板中将"Character Arm-Space"（角色手臂间距）数值改大即可解决问题，如图4-23所示。

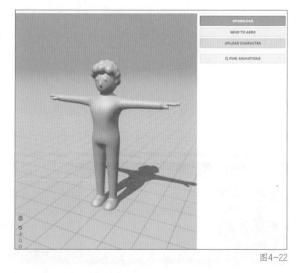

图4-22

也可以先挑选动作，再在右侧属性面板中单击"UPLOAD CHARACTER"按钮拖入我们制作的模型，设置好参数后，单击"DOWNLOAD"按钮下载动作，如图4-24所示。

接下来将模型从静态模型过渡到动态模型，这一步在MD软件中做角色衣服的时候经常会用到。将下载好的T型姿势的模型和带动画的模型导入Cinema 4D，将带动画的模型复制到T型姿势的模型的场景中，如图4-25所示。

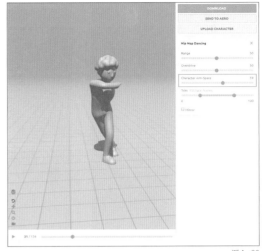
图4-23

图4-24

图4-25

选中"mixamorig:Hips.1"，在主菜单栏中执行"动画-添加运动剪辑片段"命令，在弹出的对话框中按图4-26所示的内容进行设置。mixamorig:Hips.1后面会出现运动剪辑标签，该标签记录了关节的动画属性。选中"mixamorig:Hips"，重复上面的操作，"添加运动剪辑片段"对话框中的设置如图4-27所示。

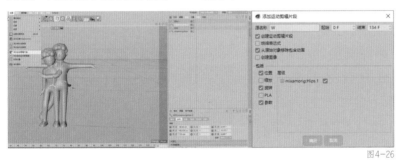
图4-26

图4-27

选中"mixamorig:Hips"的"运动剪辑"标签，在属性面板中单击"在时间线打开"按钮，如图4-28所示。在"时间线窗口"窗口中将"W"拖曳至时间线上，并使"T"和"W"两段动画头尾重叠，如图4-29所示。

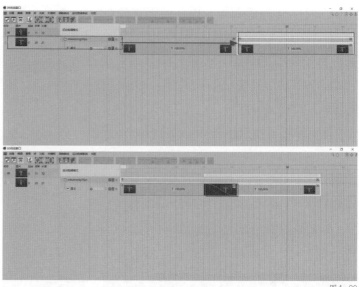

图4-28

图4-29

在对象面板中将"空白1"和"mixamorig:Hips.1" 删除,这样一段完整的动画就制作完成了,如图4-30所示。

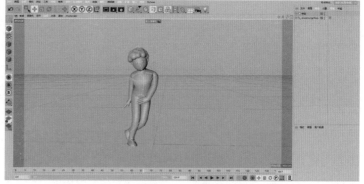

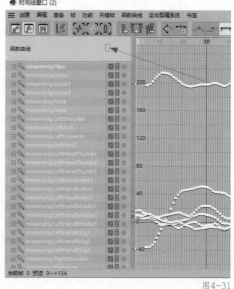

图4-30

知识点 3 结合 MIXAMO 网站使用角色模块绑定骨骼

使用角色模块绑定骨骼需要借助MIXAMO网站。将在MIXAMO网站下载好的带动画的模型导入Cinema 4D,选中"空白"和"mixamorig:Hips",复制到新的场景,选中"mixamorig:Hips",在菜单栏中执行"窗口-时间线(函数曲线)"命令,关闭"胶片动画",如图4-31所示。选中"权重"标签,单击"重置绑定姿势"按钮,如图4-32所示。这样带动画的模型可以暂时关闭动画,使模型恢复到T型姿势状态,当绑定完骨骼之后再把动画打开。

图4-31

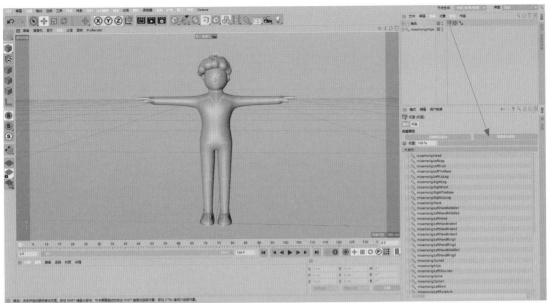

图4-32

在菜单栏中执
行"角色-角色"命
令,新建角色模块,
在属性面板中将模
板 改 为"Mixamo
Control Rig",单击
"Root",如 图4-33
所示。单击"Pelvis
(Mixamo)", 按 住
Ctrl键和Shift键单击
"Leg(Mixamo)",
按 住Ctrl键 单 击
"Arm(Mixamo)",
按 住Ctrl键 单 击
"Hand",在对象面板
中选中"Pelvis",如
图4-34所示。

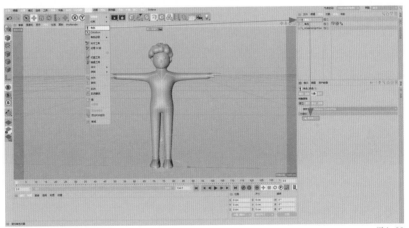

图4-33

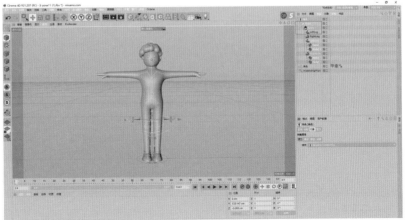

图4-34

单击"调节"，将控制点在骨骼上对齐，在右视图中切换到世界坐标，将"膝盖"控制点向前移，"脚踝"控制点往后移，对齐关节，如图4-35所示。

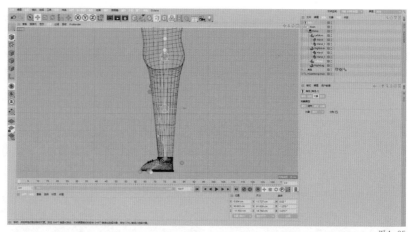

图4-35

单击"动画"，选中"Root"，在属性面板的控制器选项卡中单击"RetargetAll"按钮，将"角色"拖曳至"WeightTags"中，单击"Transfer Weights"按钮，如图4-36所示。

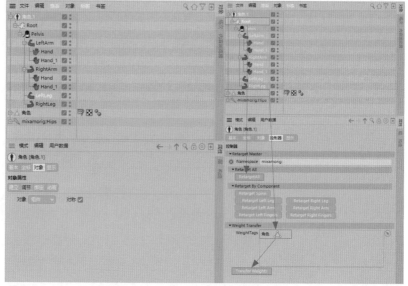

图4-36

选中"mixamorig:Hips"，在菜单栏中执行"窗口-时间线（函数曲线）"命令，开启"胶片动画"，这样就绑定成功，可以任意调整"角色"控制器了，如图4-37所示。

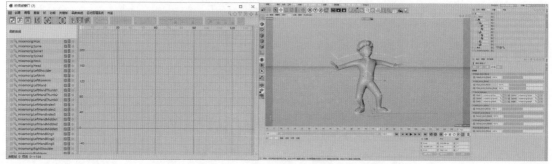

图4-37

实战准备4 MD软件的基础操作

Marvelous Designer（后文使用简称MD）是一款服装设计软件，可以制作出与真实服装一样的虚拟服装。例如可以制作基本的短袖和衬衫，也可以制作非常复杂的褶皱连衣裙、衣服纽扣、衣服折叠效果和各种配饰等。

知识点 1 MD 软件的界面基础操作

MD软件的初始界面由菜单栏、内容浏览器、3D视图窗口、3D视图工具栏、2D视图窗口、2D视图工具栏、项目浏览器和属性面板共8个区域组成，如图4-38所示。

图4-38

内容浏览器里面有角色和衣服预设；3D视图窗口主要用于观察布料结算结果；2D视图窗口主要用于创建衣服板片，调整板片形状，其上是2D视图工具栏；属性面板包含所选对象所有的属性参数，属性参数都可以在这里进行编辑处理。

2D视图工具栏中常用的工具有以下几种。

调整板片工具 ：快捷键为A，用于整体调整板片位移、旋转、缩放等属性。

编辑板片工具 ：主要用于编辑板片中的点、线，加点和转换成曲线，长按右下角的小三角，即可显示编辑板片工具。

多边形工具 ：长按右下角的小三角，即可显示多边形工具，主要用于画衣服板片。

内部多边形/线工具 ：长按右下角的小三角，即可显示内部多边形/线工具，主要用于画衣服板片内部的结构，如"口袋""挖洞"等。

编辑缝纫线工具 ：主要用于编辑、删除，移动和调换缝纫线。

线缝纫工具 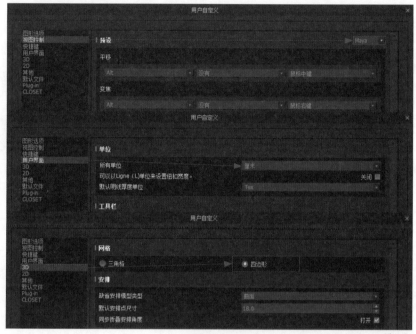：用于缝纫板片。

自由缝纫工具 ：用于板片与板片之间，可随意缝纫一段距离。

知识点 2　MD 和 Cinema 4D 交互操作

在菜单栏中执行"设置-用户自定义"命令，弹出"用户自定义"对话框，在视图控制选项卡中将预设改为"Maya"，如图4-39所示，这样视图操作和Cinema 4D的操作相同；在用户界面选项卡中将所有单位改为"厘米"；在3D选项卡中将网格改为"四边形"。

图4-39

在菜单栏中执行"偏好设置-坐标-世界坐标"命令，这样在旋转视图时，坐标不是朝向摄像机方向，而是跟随板片旋转，如图4-40所示。

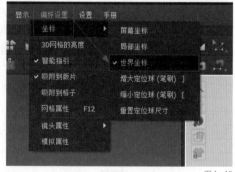

图4-40

任务1　创建角色模型

根据全身图，本课将人体模型的结构分为头、颈、躯干和四肢，如图4-41所示。通常会先制作出躯干，根据躯干比例再制作下肢，下肢包括大腿和小腿，再根据腿的比例制作鞋的模型；然后制作上肢，上肢包括大臂、小臂和手；最后根据身体比例制作头部，头部包括头、颈、五官和头发。

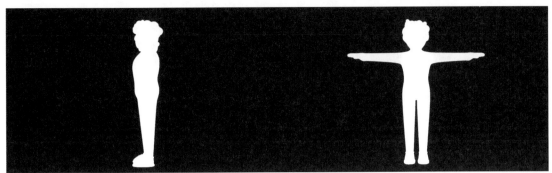

图4-41

步骤 1 制作躯干部分

分别把"正面"和"侧面"剪影图拖曳至"正视图"和"右视图"中，如图4-42所示。

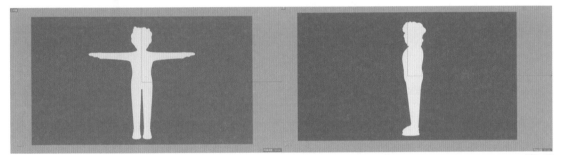

图4-42

新建"立方体"作为身体基础模型，在"正视图"中调整立方体的高度，使其和正面剪影图匹配，如图4-43所示。

图4-43

分别在正视图和右视图中按快捷键Shift+V，在属性面板的背景选项卡中调整"水平偏移""垂直偏移""水平尺寸""垂直尺寸"的值，以立方体模型作为参考，调整正面、侧面剪影图以匹配立方体，如图4-44所示。

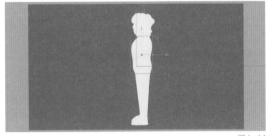

图4-44

在立方体属性面板的对象选项卡中将"分段X"改为"2"，C掉立方体，选中左侧顶点并删除，给立方体添加父级"对称生成器"，如图4-45所示。

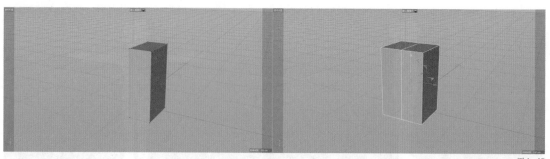

图4-45

在正视图中，使用循环/路径切割工具分别在胯部、腰部、胸部和脖子与胸部中间部分进行卡线，如图4-46所示。

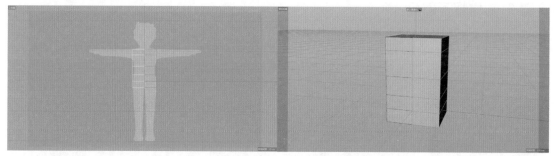

图4-46

在透视图中，使用循环/路径切割工具在立方体侧面中线位置进行卡线，选中中线，并将其沿x轴位移至图4-47所示的位置。

图4-47

给"对称"添加"细分曲面"，分别在正视图和右视图中根据线稿图调整点的位置，和线稿图相匹配，得到"上半身身体"模型，如图4-48所示。

图4-48

步骤 2 制作下肢部分

在面模式下，选中图4-49所示的面，按住Ctrl键的同时使用位移工具拖曳复制出大腿根部模型结构，切换到缩放工具，按住Shift键沿y轴缩放至0%，并调整大腿根部模型结构，如图4-50所示。

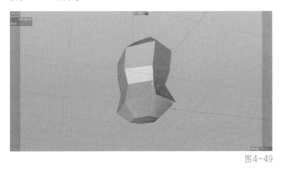

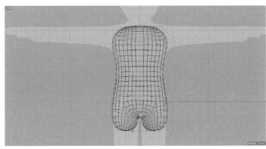

图4-49

图4-50

选中大腿横截面，执行"选择-隐藏未选择"命令，新建"多边形"样条，将平面改为"XZ"并缩放以匹配腿部横截面，如图4-51所示。

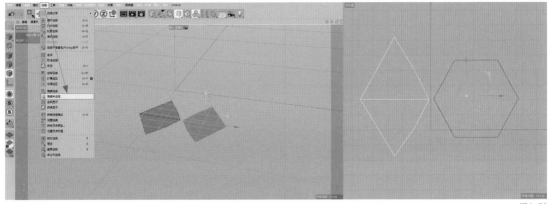

图4-51

在点模式下，启用捕捉工具，使用框选工具将"腿部横截面顶点"匹配至"多边形"样条，如图4-52所示。关闭捕捉工具。

在面模式下，执行"选择-全部显示"命令，使用"缩放"和"旋转"命令调整大腿横截面位置，如图4-53所示。

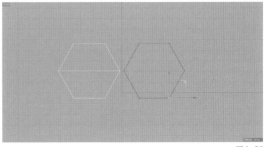

图4-52

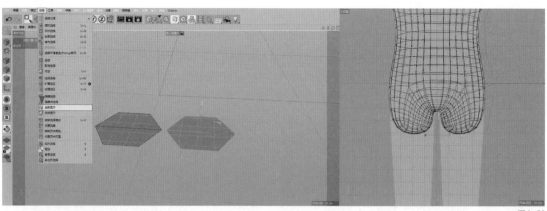

图4-53

选中大腿横截面，按住Ctrl键的同时使用位移工具拖曳复制出腿部模型结构。在点模式下，在正视图和右视图中根据线稿图调整腿部顶点，如图4-54所示。

图4-54

步骤 3 制作鞋子部分

新建"立方体"，并添加"对称"作为立方体的父级，将立方体"分段X"改为"4"、"分段Y"改为"3"，C掉立方体，在顶视图中调整鞋子外形，并调整出鞋子外轮廓，如图4-55所示。

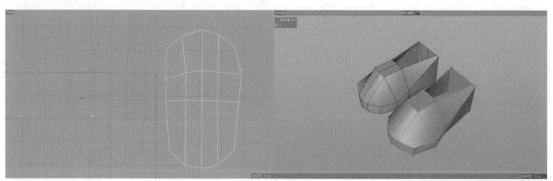

图4-55

使用线性切割工具在图4-56所示的位置进行卡线，在脚尖处使用焊接工具进行重新布线，如图4-57所示。

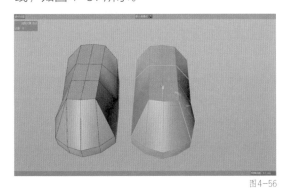
图4-56

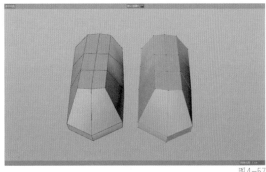
图4-57

删除图4-58所示的面，做出"鞋口"位置，选择"鞋口"的一圈线挤压出"鞋帮"外形，使用倒角工具给鞋帮卡线，再根据脚踝大小调整鞋帮大小，如图4-59所示。

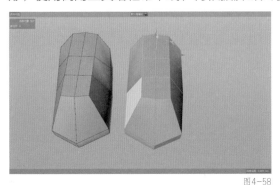
图4-58

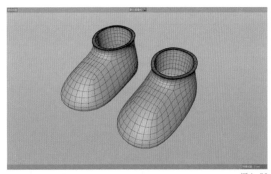
图4-59

使用线性切割工具进行鞋底卡线，选择面挤压出鞋底面，使用倒角工具给鞋底卡线，如图4-60所示。

新建"圆环"作为鞋孔结构，用样条画笔工具画出鞋绳样条，新建"扫面"和"圆环"，将圆环样条作为横截面，鞋绳样条作为路径，扫描出鞋绳模型，移动位置摆放到合适位置，如图4-61所示。

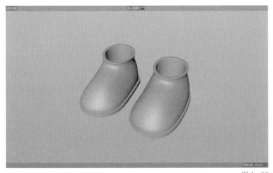

图4-60

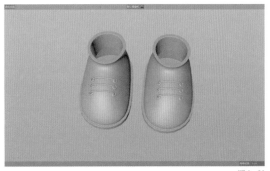
图4-61

步骤 4 制作上肢部分

选中身体侧面一顶点，使用倒角工具倒出胳膊横截面结构。选中胳膊横截面，使用缩放工具，按住Shift键沿 *x* 轴缩放至0%，再使用位移工具和缩放工具调整胳膊部分结构，如图4-62所示。

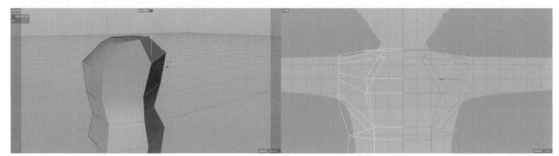

图4-62

选中胳膊横截面，执行"选择-隐藏未选择"命令，将"多边形"样条的"侧边"改为"8"、"平面"改为"ZY"，使用位移工具和缩放工具将其调整匹配至胳膊横截面，如图4-63所示。

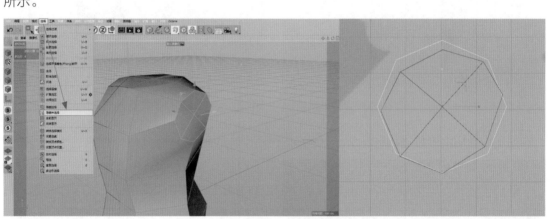

图4-63

在点模式下，启用捕捉工具，使用框选工具将"胳膊横截面顶点"匹配至"多边形"样条，如图4-64所示。关闭捕捉工具。

在面模式下，执行"选择-全部显示"命令，使用"缩放"和"旋转"命令调整胳膊横截面的位置，如图4-65所示。

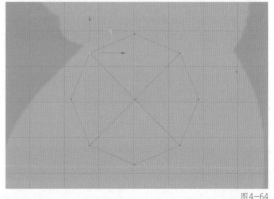

图4-64

选中胳膊横截面，按住Ctrl键的同时使用位移工具拖曳复制出胳膊模型结构。在边模式下，选中胳膊根部样条，使用滑动工具进行卡线。在点模式下，在正视图中根据线稿图调整胳膊顶点的位置，如图4-66所示。

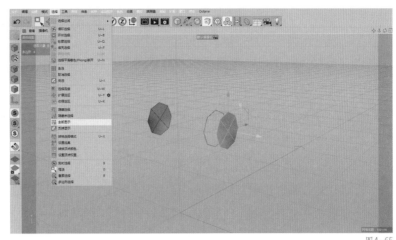

图4-65

在面模式下，选中胳膊部分模型，在右视图中将胳膊向身体后方移动。在点模式下，调整胳膊与躯干连接处的布线，如图4-67所示。

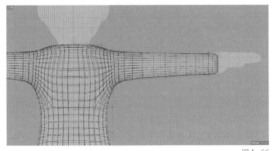

图4-66

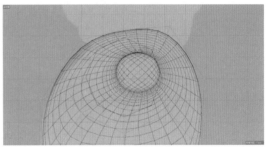

图4-67

步骤 5 制作手部分

选中手腕处顶点，沿y轴缩放，压扁手腕，使用位移工具调整手腕的位置，如图4-68所示。

新建"圆柱"模型，将"高度分段"改为"3"、"旋转分段"改为"6"、"P轴"旋转改为"30°"，取消勾选"封顶"复选框，调整圆柱位置和半径属性后对齐至手腕处，如图4-69所示。

图4-68

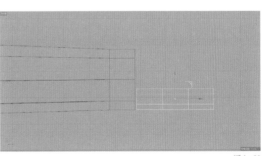

图4-69

选中"圆柱"模型,按快捷键Alt+G进行打组,给"空白"添加"细分曲面"。选中"圆柱",按住Ctrl键的同时使用位移工具拖曳复制出手指模型,如图4-70所示。

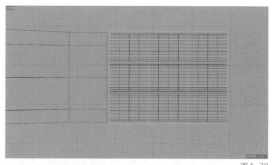

图4-70

取消勾选"细分曲面"复选框,选中3个手指,单击鼠标右键执行"连接对象+删除"命令。在点模式下,使用框选工具选中图4-71所示的顶点,按快捷键M~Q切换到焊接工具,焊接两个顶点,把手指的所有根部结构焊接到一起。

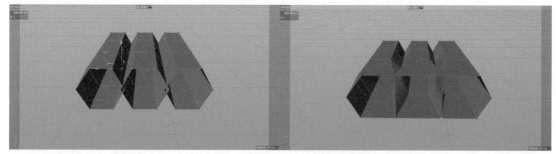

图4-71

在线模式下,分别选中中指上下与地面平行的线和手腕处与地面平行的线,按快捷键M~M执行"连接点/边"命令,给中指和手腕处添加线,如图4-72所示。给手腕添加线,按快捷键K~K,使用线性切割工具,在手腕处进行"四边面"布线,如图4-73所示。

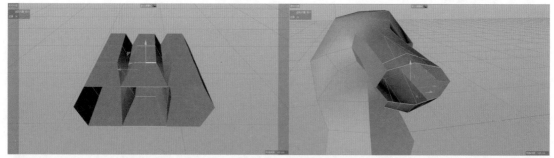

图4-72

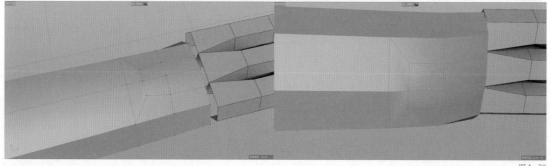

图4-73

选中"圆柱"和"立方体"模型，单击鼠标右键执行"连接对象+删除"命令，在边模式下，选中"手指根部线和手掌线"，按快捷键M~P，使用缝合工具，将手指和手掌缝合在一起，如图4-74所示。在面模式下，在顶视图中调整手部结构，如图4-75所示。

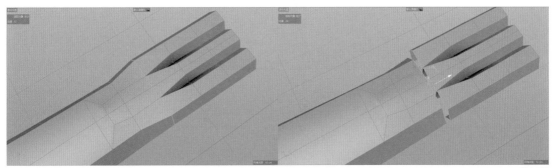

图4-74

图4-75

选中图4-76所示的手掌侧面结构，按I键执行"内部挤压"命令，使用缩放工具，按住Shift键沿z轴缩放至0%。使用位移工具，将大拇指结构移出来。执行"选择-隐藏未选择"命令，将"多边形"样条的"平面"改为"XY"、"侧边"改为"6"，使用缩放工具和位移工具将"多边形"样条匹配至大拇指位置。在点模式下启用捕捉工具，使用框选工具将"大拇指横截面顶点"匹配至"多边形"样条，如图4-77所示。关闭捕捉工具。

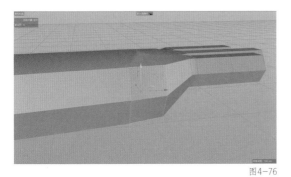

图4-76

图4-77

使用旋转工具调整大拇指关节结构，将方向"轴向"改为"法线"。选择位移工具，按住Ctrl键拖曳复制出大拇指模型结构，将方向"法线"改为"轴向"，在顶视图中调整大拇指模型结构，如图4-78所示。

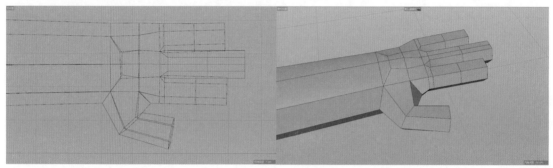

图4-78

使用封闭多边形孔洞工具封闭指尖，再使用线性切割工具进行指尖布线，最后整体调整手部布线，得到手的模型，如图4-79所示。

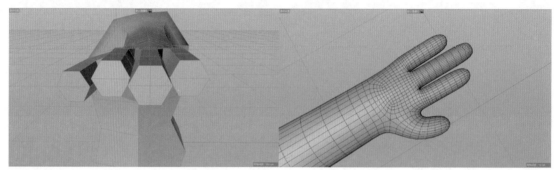

图4-79

步骤 6 制作头颈部分

选中"对称"并C掉，选中脖子中间顶点，使用倒角工具倒出脖子横截面。选中脖子横截面，使用缩放工具，按住Shift键沿 x 轴缩放至0%，再使用位移工具和缩放工具调整脖子部分结构，删除横截面，如图4-80所示。

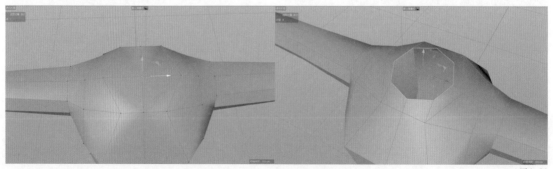

图4-80

新建"立方体",给立方体添加"细分曲面",将"编辑器细分"和"渲染器细分"改为"1",C掉细分曲面,删除底部模型,如图4-81所示。

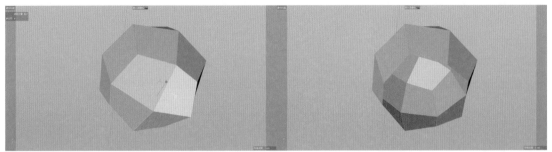

图4-81

选中"细分曲面"和"身体",单击鼠标右键执行"连接对象+删除"命令,选中图4-82所示的线,按快捷键M~P使用缝合工具,将头和脖子缝合在一起,再根据线稿图调整头部造型,如图4-83所示。

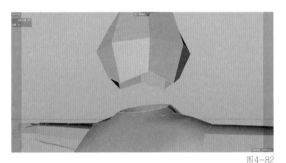

图4-82

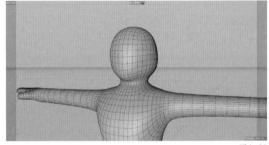

图4-83

步骤 7 制作头发部分

复制一份"身体"模型,使用线性切割工具在头部进行卡线,卡出头发部分模型,如图4-84所示。使用分裂工具将头发部分模型分裂出来。在面模式下,单击鼠标右键执行"细分"命令,效果如图4-85所示。

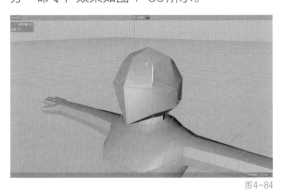

图4-84

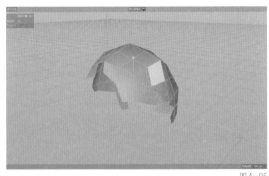

图4-85

新建"球体"和"克隆",复制多个"球体"并更改"半径"大小作为克隆子级,在属性面板对象选项卡中设置模式为"对象",克隆到头部模型上,给"克隆"添加"随机"效果器,使球体大小随机,如图4-86所示。

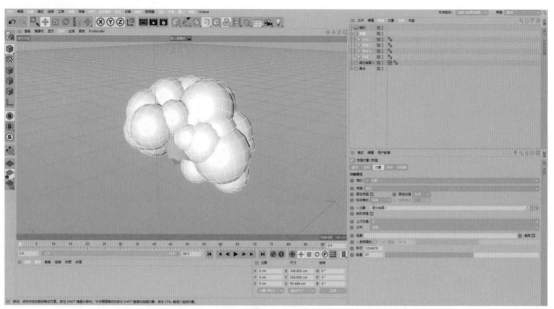

图4-86

给"克隆"添加"体积生成"作为父级使用，并给"体积生成"添加"体积网格"作为父级使用，调整"体素尺寸"参数，添加"SDF平滑"过滤层，把"执行器"模式改为"平均"，如图4-87所示。

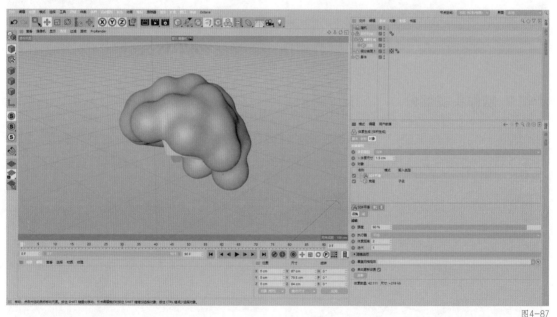

图4-87

C掉"体积网格"，选中"头发"，在主菜单栏中执行"扩展-Quad Remesher"命令，在对象面板中执行"对象-对象信息"命令，查看当前头发面的数量，头发面的数量设置如图4-88所示，单击"开始拓补"按钮，拓补出四边面并优化细分，得到"头发"模型。

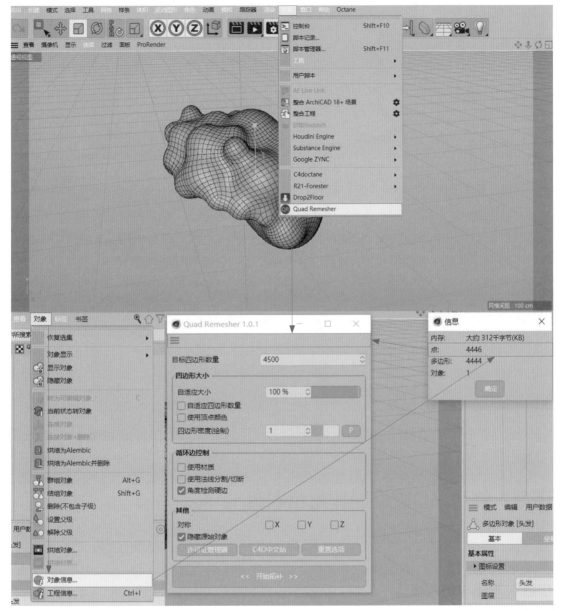

图4-88

步骤 8 制作五官部分

新建"球体"模型，将球体沿 x 轴旋转90°，给球体添加"FFD"，选中FFD，在点模式下，使用缩放工具将球体压扁，给球体添加"对称"，放至脸部眼睛位置，得到"眼睛"模型，如图4-89所示。

新建"球体"模型，将球体类型改为"六面体"，给球体添加"FFD"，选中FFD，在点模式下，使用缩放工具将球体调成鼻子形状，放至脸部眼睛下方位置，得到"鼻子"模型，如图4-90所示。

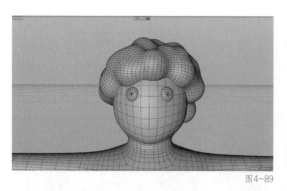

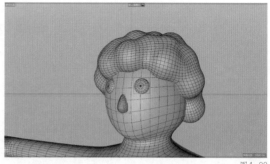

图4-89　　　　　　　　　　　　　　　　　　　　图4-90

新建"球体"模型，将球体沿 x 轴旋转90°，分段改为"8"。C掉球体，沿 z 轴缩放压扁球体。选中中间一圈面，执行"内部挤压"命令，向内部挤压一圈，再使用挤压工具，向里面挤压进去。给球体添加"细分曲面"作为父级，得到"耳朵"模型，给细分曲面添加"对称"，放至耳朵位置。在点模式下，调整耳朵外轮廓结构，效果如图4-91所示。

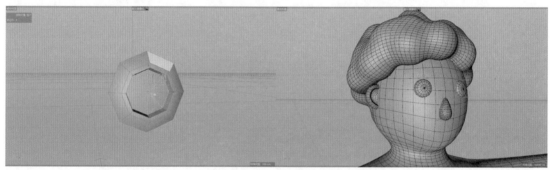

图4-91

任务2　结合MD软件制作角色衣服

任务1完成了角色模型的创建，本任务将开始在MD软件当中制作角色衣服。

步骤1　导出与导入模型

在Cinema 4D中执行"文件－导出－Wavefront OBJ（*.obj）"命令，导出FBX格式的模型；在MD软件中执行"文件－导入－OBJ"命令，将比例中的"毫米"改为"厘米"，导入场景模型。具体过程如图4-92所示。

步骤2　制作上衣

使用多边形工具画出上衣板片，使用编辑曲线工具调整衣服肩膀缝合处，使用编辑板片工具选中中间线，单击鼠标右键执行"展开"命令，删除上下方多余的顶点，使用编辑圆弧工具将衣领的半圆口拖曳出来，如图4-93所示。

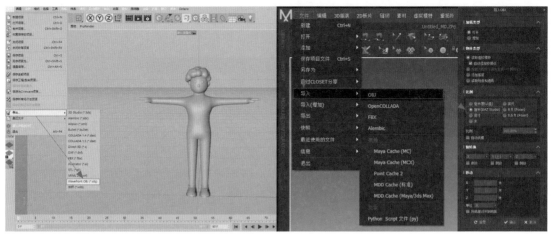

图4-92

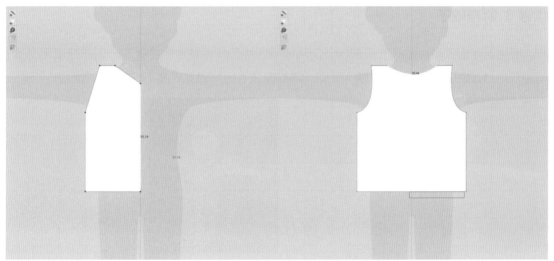

图4-93

　　使用调整板片工具选中衣服板片，使用快捷键Ctrl+C和Ctrl+V原地复制和粘贴板片，在3D视图窗口中将复制出的板片移到角色身后，单击鼠标右键执行"水平翻转"命令，将白色面朝外，灰色面朝里，在2D视图窗口中将板片排开，如图4-94所示。

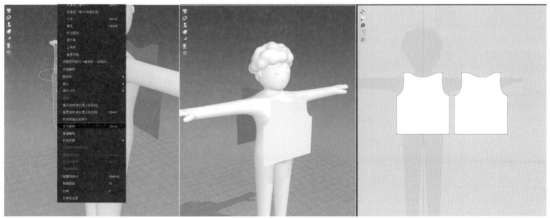

图4-94

使用线缝纫工具在2D视图窗口或者3D视图窗口中将上衣缝合起来，按Space（空格）键解算动画，根据解算出的衣服，反复调整2D板片，再解算，如图4-95所示。

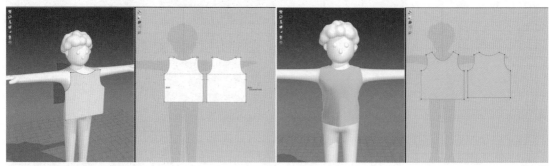

图4-95

步骤3 制作袖子

使用长方形工具画出长方形形状，使用编辑曲线工具将缝合肩膀处的一侧线拖曳出弧度，使用加点/分线工具在弧线中间加一个点，调整曲线手柄，调整成图4-96所示的形状。

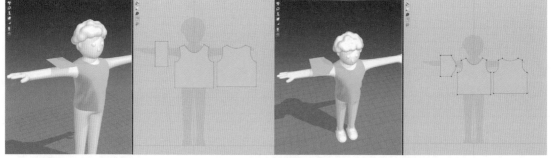

图4-96

使用线缝纫工具将衣服的袖子与肩膀处缝合起来，解算完之后再缝合腋下接口处，如图4-97所示。

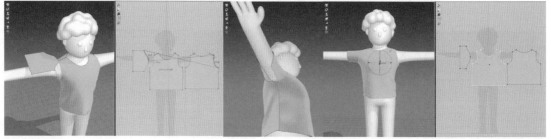

图4-97

使用内部多边形/线工具在袖口处加一条线，选中加好的线，单击鼠标右键执行"剪切缝纫"命令，将袖口和袖子分开，如图4-98所示。

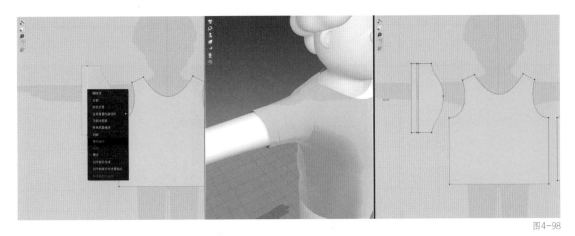

图4-98

复制左侧缝合好的袖子和袖口并将其移至右侧，重新使用线缝纫工具将衣服的袖子和肩膀处缝合起来，如图4-99所示。

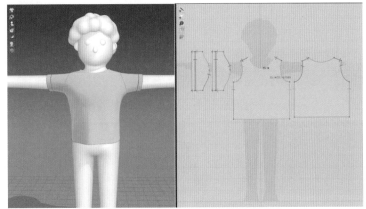

图4-99

步骤4 制作前襟

使用内部多边形/线工具在上衣前面板片上画出图4-100所示的形状，选中加上的线，单击鼠标右键执行"剪切缝纫"命令，使用编辑线缝纫工具将左侧的缝合线删除。

将剪切下来的板片复制一份，将左侧和下面的线与上衣缝合起来，选中板片，在属性面板的"模拟属性"中将"层"改为"3"，按Space键解算，如图4-101所示。

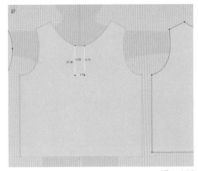

图4-100

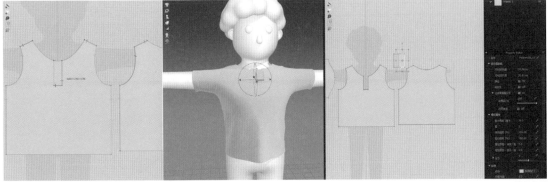

图4-101

按住Ctrl键和Shift键的同时使用内部圆形工具在前襟领子板片上画出圆形，并复制粘贴3份，如图4-102所示。使用自由缝纫工具将板片缝合起来，按Space键解算，如图4-103所示。

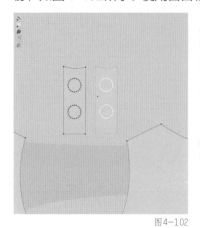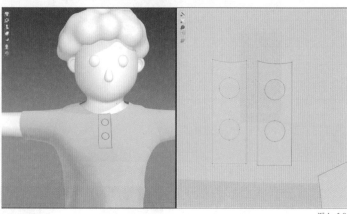

图4-102　　　　　　　　　　　　　　　　　　　　　　　　　　图4-103

在项目浏览器中单击"纽扣"，在3D视图工具栏中选择纽扣工具，在2D视图窗口中添加纽扣。在项目浏览器中选中纽扣，在属性面板中更改纽扣参数。使用选择/移动纽扣工具选中纽扣，再复制一份纽扣放在下面，如图4-104所示。

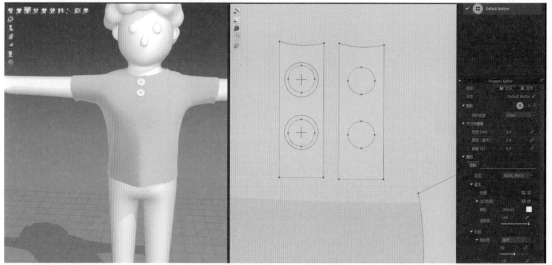

图4-104

步骤5　制作领子

使用长方形工具画出领子板片，使用自由缝纫工具将领子和上衣缝合到一起，如图4-105所示。

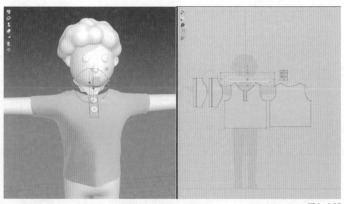

图4-105

使用内部多边形/线工具在领子上添加内部线，在3D视图窗口中选中内部线，使用折叠安排工具将下面的领子旋转朝下折叠，如图4-106所示。

图4-106

步骤6 制作装饰口袋

使用内部长方形工具在衣服左侧画出口袋形状，选中内部矩形，复制至右侧，如图4-107所示。

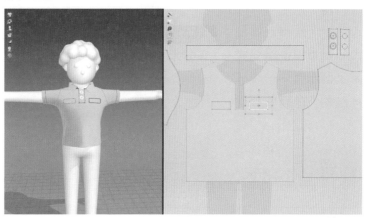

图4-107

选中两个内部矩形线，单击鼠标右键执行"克隆为板片"命令，使用生成圆顺曲线工具将口袋边缘处理圆滑，使用线缝纫工具将口袋缝合起来，如图4-108所示。

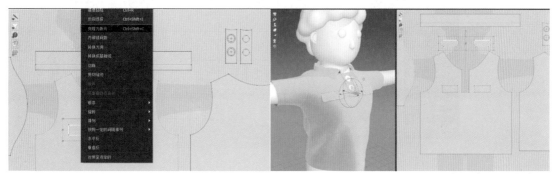

图4-108（注：图中"版片"应为"板片"。）

步骤 7 制作腰带和裤袢

　　制作腰带。使用长方形工具画出腰带板片，选中板片，在属性面板的"模拟属性"中将"层"改为"3"，打开显示安排点，将腰带放至安排点上，如图4-109所示。使用线缝纫工具将腰带缝合起来，按Space键解算，如图4-110所示。

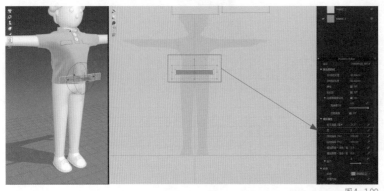

图4-109　　　　　　　　　　　　　　　　　　　　　　　图4-110

　　制作裤袢。使用内部长方形工具在腰带上画出其中一个裤袢结构，使用快捷键Ctrl+C和Ctrl+V复制/粘贴出全部裤袢结构，如图4-111所示。

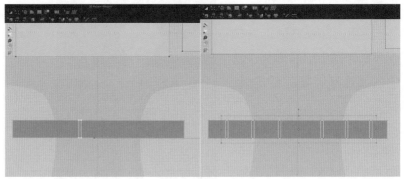

图4-111

　　选中所有裤袢，单击鼠标右键执行"克隆为板片"命令，提取出裤袢板片，然后选中板片，在属性面板的"模拟属性"中将"层"改为"4"，如图4-112所示。

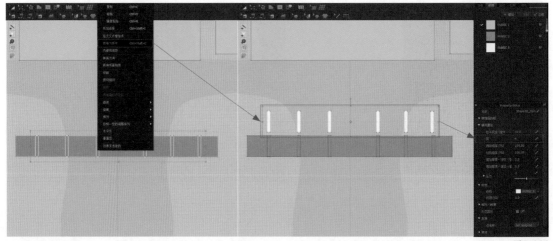

图4-112

使用内部多边形/线工具在图4-113所示的位置画出两根内部线,使用自由缝纫工具将裤裆缝合到腰带上,按Space键解算。

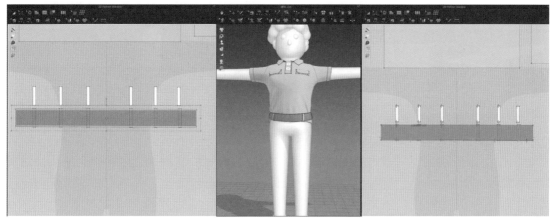

图4-113

步骤8 制作裤子

使用多边形工具画出裤子板片,使用编辑圆弧工具将裤子裆部修圆滑,如图4-114所示。

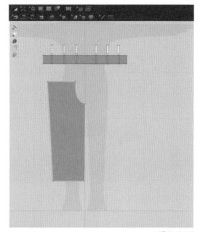

图4-114

选中板片,单击鼠标右键执行"对称版片(板片和缝纫线)"命令,将板片移至右侧,选中两个板片原地复制,在3D视图窗口中将板片移至角色身后,单击鼠标右键执行"水平翻转"命令,在2D视图窗口中将板片排开,如图4-115所示。

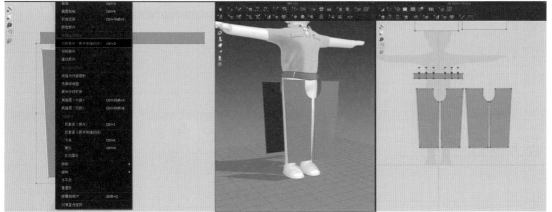

图4-115

使用自由缝纫工具，将裤子板片上部和腰带缝合起来，使用线缝纫工具将裤子缝合起来，调整裤子的宽度和长度，按Space键解算，如图4-116所示。使用自由缝纫工具将裤子的裆部和臀部缝合起来，按Space键解算，如图4-117所示。

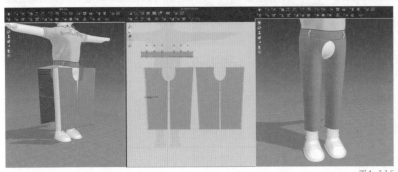

图4-116

图4-117

使用内部多边形/线工具在裤腿处添加内部线，在3D视图窗口中选中内部线，使用折叠安排工具将下面的裤腿旋转朝上折叠，如图4-118所示。

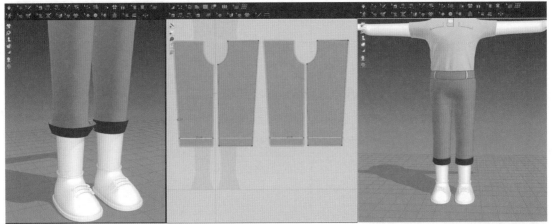

图4-118

选中所有板片，在属性面板中将"粒子间距（毫米）"改为"10.0"，将"重置网格"改为"On"，如图4-119所示。

把界面切换成"UV EDITOR"模式，在空白处单击鼠标右键执行"将UV放置到（0-1）"命令，在弹出的对话框中选择"相对UV坐标（0-1）"单选按钮，单击"确认"按钮，如图4-120所示。再将界面切换回"SIMULATION"模式。

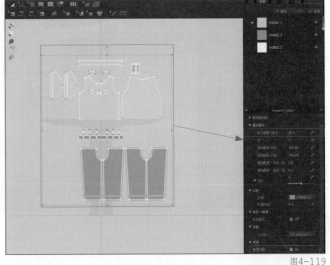

图4-119

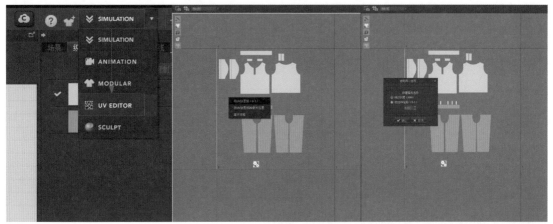

图4-120

在菜单栏中执行"文件-导出-FBX"命令，选中比例中的"厘米"单选按钮，单击"确认"按钮，如图4-121所示，将做好的衣服导出。

图4-121

任务3 搭建场景和布置灯光

步骤1 完善角色衣服模型

将在MD软件中导出的FBX格式的模型导入Cinema 4D中，将角色模型删除，给"衣服"模型添加"布料曲面"，将"细分数"改为"0"、"厚度"改为"0.05cm"，给"布料曲面"添加"细分曲面"，得到衣服模型，再将角色模型导入衣服场景中，如图4-122所示。

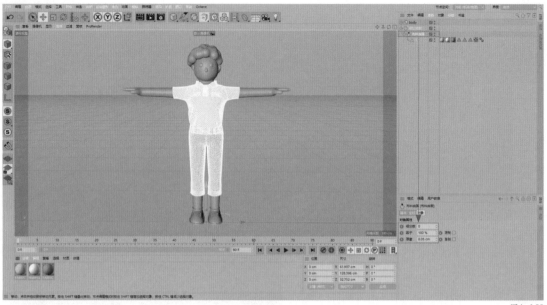

图4-122

步骤 2 建立"L"形背景

使用样条画笔工具画出"L"形样条，选中中间顶点，单击鼠标右键执行"倒角"命令，倒角出圆弧，给样条添加"挤出"，将厚度值调大，使角色和地面贴合，如图4-123所示。

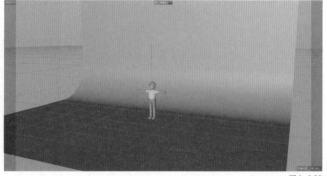

图4-123

步骤 3 创建摄像机

新建"摄像机"，进入摄像机视图，将摄像机"坐标"参数全部"归0"，调整摄像机的P.Z、P.Y和R.H属性，如图4-124所示。

图4-124

步骤 4 添加 HDRI 环境

将Octane渲染设置窗口中的预设改为"路径追踪",创建HDRI环境,为场景提供照明和反射信息,在HDRI环境标签的图像纹理中加载提供的HDR贴图,如图4-125所示。

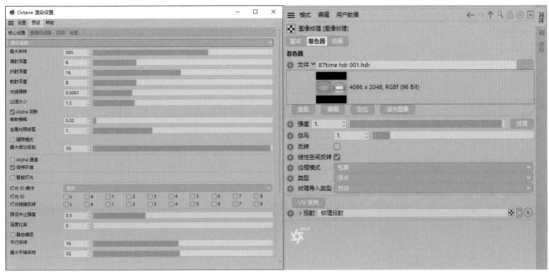

图4-125

步骤 5 布置灯光

使用三点布光法为场景打光。将场景"目标区域光"作为"主光源",放至摄像机左上方30°左右的位置,调整主光源的"功率"。复制主光源作为"辅光源"放至摄像机右侧90°左右的位置,调整辅光源的"功率"。主光源的灯光强度比辅光源要高,如图4-126所示。

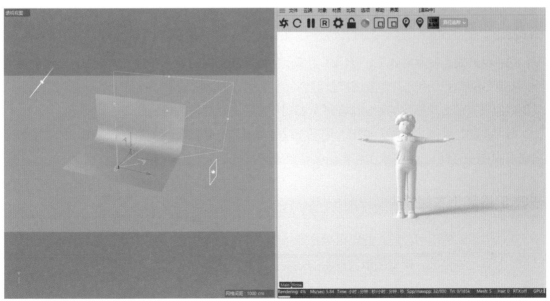

图4-126

任务4 设置材质

任务3完成了场景搭建和灯光布置，本任务将给模型添加材质。

步骤1 设置背景材质

"L"形背景没有反射效果，所以采用漫射材质，在漫射通道上添加RGB颜色节点，得到背景材质，如图4-127所示。

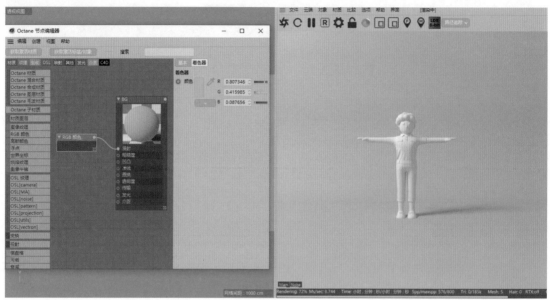

图4-127

步骤2 设置角色身体模型材质

角色身体模型有反射效果，所以采用带反射属性的光泽材质。新建光泽材质，在漫射通道上添加RGB颜色节点，并调整成皮肤颜色，在索引通道中降低索引参数，加一些粗糙度，让反射效果没有那么明显，得到身体材质。将材质赋予角色后的效果如图4-128所示。

其中头发、眼睛、衣领、袖口、扣子与鞋子材质和身体材质的调整方法一样，只需更改漫射通道的RGB颜色，微调索引和粗糙度参数即可，如图4-129所示。

步骤3 设置上衣材质

上衣有微弱的反射细节，所以采用光泽材质。新建光泽材质，在漫射通道上添加图像纹理节点，加载上衣贴图，降低图像纹理中的强度，避免材质曝光，如图4-130所示。

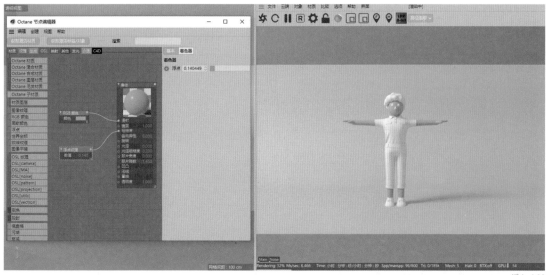

图4-128

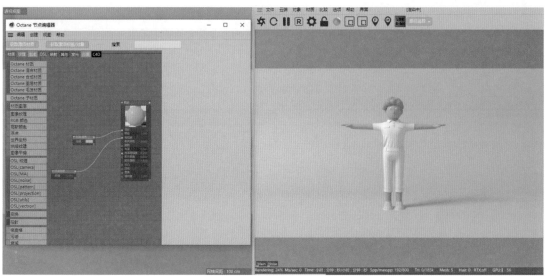

图4-129

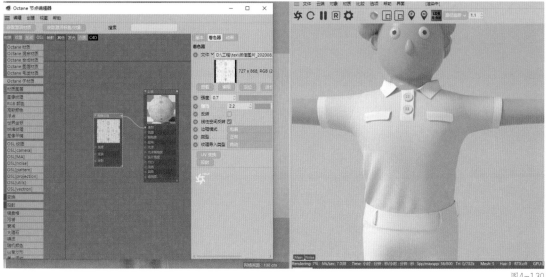

图4-130

可以看到上衣纹理大小和衣服模型不匹配，所以给图像纹理添加变换和纹理投射节点，将纹理投射类型改为"盒子"，在变换节点中调整宽高比，以匹配上衣模型，如图4-131所示。

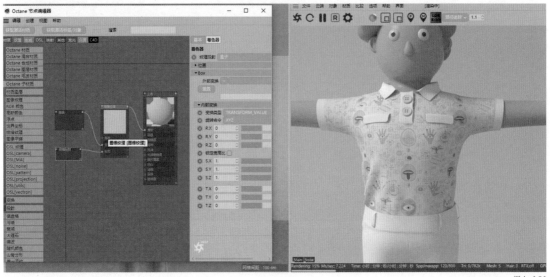

图4-131

为了使衣服的细节更突出，在光泽材质的法线通道上添加法线贴图，并提高法线强度，增强材质凹凸效果，更改纹理投射方式，调整变换大小，如图4-132所示。

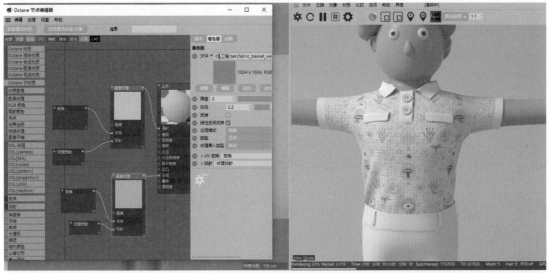

图4-132

复制上衣材质，将漫射通道图像纹理改为RGB节点，并将颜色调整为红色，作为袖口和前襟的材质，如图4-133所示。

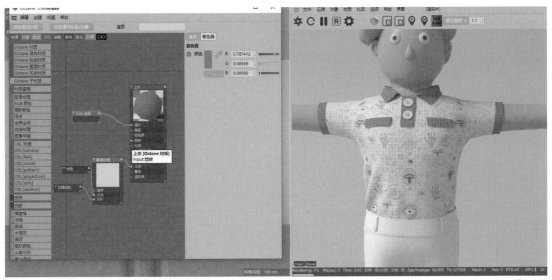

图4-133

步骤4 设置裤子材质

　　裤子也有微弱的反射细节，所以采用光泽材质。新建光泽材质，在漫射通道上加载裤子贴图，将纹理投射类型改为"盒子"，在变换节点中调整宽高比，以匹配裤子模型，如图4-134所示。

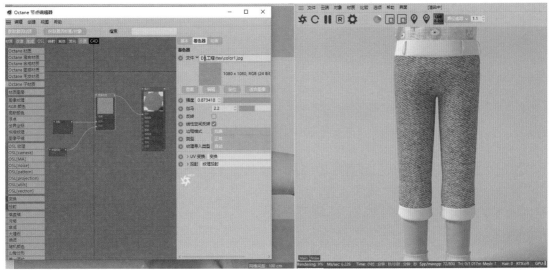

图4-134

　　为了使裤子的细节更突出，复制漫射通道上的图像纹理连接至凹凸通道，将图像纹理类型改为"浮点"，调整图像纹理强度大小，增强材质凹凸效果，如图4-135所示。

　　为了使腰带、裤裆和挽起的裤腿的颜色有所区分，复制裤子材质并降低漫射通道图像纹理的强度，作为裤裆和裤腿的材质，如图4-136所示。

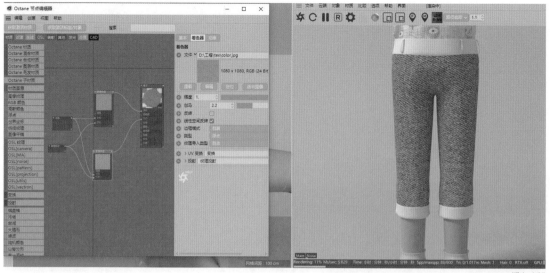

图4-135

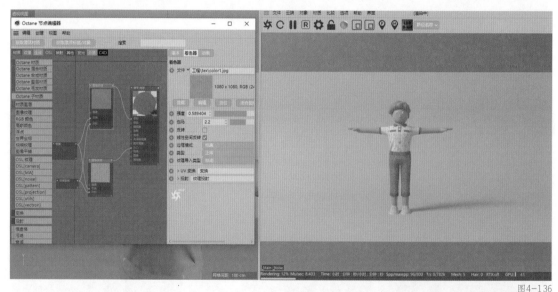

图4-136

复制出两个模型，放在正面角色模型两侧，并调整位置，如图4-137所示。

图4-137

任务5 设置分层渲染并输出

步骤1 设置渲染通道

在Octane渲染设置窗口中将最大采样改为"3000",在"渲染设置"窗口中,将常规图像的保存路径和多通道图像的保存路径设置得一样即可,勾选OC渲染器渲染通道选项卡下"渲染通道"中的"漫射""反射""阴影"通道复选框和"信息通道"中的"AO"通道复选框,如图4-138所示。

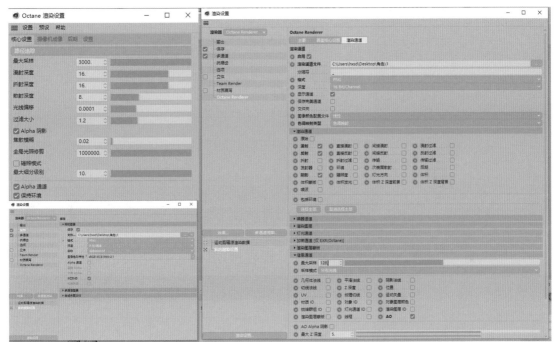

图4-138

步骤2 渲染输出

使用渲染器输出,输出后检查渲染图、通道图是否完整,如图4-139所示。

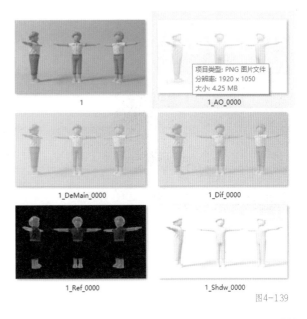

图4-139

任务6 后期合成

在Adobe After Effects中，以"1"图片大小创建合成，调整亮度、明暗对比度。处理时，添加色阶效果，对全图的亮度进行综合调整，如图4-140所示。

图4-140

添加漫射通道，降低透明度，提亮整体，如图4-141所示。

图4-141

添加反射通道，降低透明度，使角色模型更加有质感，如图4-142所示。

图4-142

添加环境吸收和阴影通道，降低透明度，在模型夹角处增加阴影细节，使整体更有层次感，如图4-143所示。

图4-143

整体调色，新建调整层，添加"曲线"调整对比度和亮度，添加"色相/饱和度"降低整体饱和度，添加"锐化"增加图片细节，如图4-144所示。

图4-144

本课练习题

基础参数：1920像素×1050像素，72像素/英寸。

作业要求：

1.使用Cinema 4D根据参考图（图4-145）制作角色模型；

2.添加场景材质灯光；

3.分层渲染并使用Adobe After Effects调色合成效果图海报；

4.作业需符合尺寸、分辨率的要求。

图4-145

第 **5** 课

运动图形风格——
高级运动图形动态效果

项目需求

◆ 基础参数：1280像素×720像素，25帧/秒（FPS）

◆ 风格特点：模型重复分布，动画随机步幅错帧

◆ 应用领域：产品包装、概念化设计

◆ 投放渠道：互联网、短视频平台

本课目标

本课将讲解如何利用Cinema 4D中的"运动图形"模块制作出图
5-1所示的高级运动图形动态效果。通过本课的学习，读者可以深入
了解动态图形的使用方法、动画制作思路、利用"域"控制动画的方
法、利用Adobe After Effects后期合成的方法，以及输出动画的方
法等。

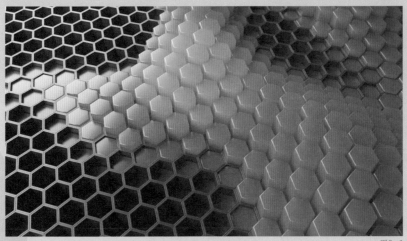

图5-1

实战准备1 初识运动图形

广告包装动画中存在大量运用运动图形完成产品动画制作的技巧。随着产品广告多元化的发展，运动图形动画的使用领域逐日递增。从化妆品到电子产品，在各类产品广告的包装动画中都能寻见运动图形动画的身影。

知识点 1 运动图形的应用领域

运动图形是Cinema 4D的重要组成模块之一，同时也代表一种独特的动画风格。其中克隆是运动图形中具有代表性的模块。克隆最初指的是重复性的模型，后来逐渐扩展到动画领域。因此运动图形风格具有模型重复、动画重复，常伴随模型有序排列、动画随机错帧等特点。

目前很多包装动画领域，如服装、食品、化妆品、电子产品、生活用品等，都会使用到运动图形风格的动画表现，如图5-2所示。多元化、年轻化的产品更适合使用运动图形风格来展现。

图5-2

知识点 2 运动图形动画的表现形式

运动图形动画大多采用重复性的表现形式，如模型的重复、动画元素的重复、随机分布错帧的运用等。从图5-3中可以看到，这些模型的位置分布在规律性的基础上融入了一定的随机性，使模型之间形成了松紧得体、张弛有度的位置关系。

图5-3

实战准备2 运动图形模块的核心知识

想要了解运动图形，首先要从其核心知识克隆入手，包括了解克隆的原理、克隆效果器的使用方法、克隆动画的控制方法，从而完成对整个运动图形结构的认知。

知识点 1 克隆系统

在Cinema 4D中，利用克隆可以对模型、动画进行大量、有序的复制排列。

选中模型，按住Alt键单击运动图形中的"克隆"，为模型添加"克隆"。在克隆属性面板中可以调整模式、参数等完成模型的复制，如图5-4所示。

知识点 2 效果器

在Cinema 4D中，运动图形中的效果器是为克隆生成器服务的，将其添加给克隆，可以使克隆增加效果变化。同时为克隆添加不同的效果器，会使克隆生成的模型产生不同的变化。

选中"克隆"并为其添加运动图形中的随机效果器，选中随机效果器，调整随机分布内的参数，为克隆生成的模型提供位置、缩放、旋转等的随机变化，如图5-5所示。

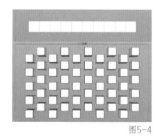

图5-4

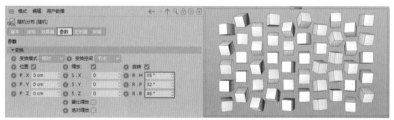

图5-5

实战准备3 动画要点解析

分析原片可知，运动图形风格动画的表现模式均为模型的大量复制及使用效果器产生的位置起伏变化。对于这类动画，可选中模型，为其添加"克隆"，在调整完相关参数完成模型的大量复制后，为克隆添加效果器，调整效果器的相关参数实现动画控制。例如为克隆添加简易效果器，在简易效果器的属性面板中修改"位置"参数，制作克隆模型的位置起伏；切换到衰减选项卡，添加"域"，并调整其范围及相关参数，控制一定范围内模型位置的起伏变化，如图5-6所示。

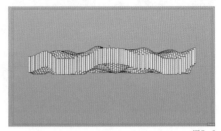

图5-6

任务1 搭建模型场景

首先分析原片场景，掌握场景模型的基础结构，通过主菜单栏中的参数对象快速创建模型；结合运动图形中的克隆生成器调整相关参数，完成原片画面的场景搭建；最后通过运动图形中的效果器实现动画控制。

步骤1 运用克隆搭建场景

分析原片动画可知，场景主体模型的基础结构为六棱柱、底座模型的基础结构为六棱管道，如图5-7所示。

在Cinema 4D中，依次在主菜单栏中执行"创建-参数对象-圆柱"和"创建-参数对象-管道"命令，完成基础模型的创建，并在基础模型属性面板的对象选项卡中调整相关参数，完成场景基础模型的创建，如图5-8所示。

图5-7

图5-8

依次选中基础模型"圆柱"和"管道",按住Alt键执行"运动图形-克隆"命令,分别添加"克隆",并重命名为"主体"和"底座"。将克隆属性面板的对象选项卡中的模式改为"蜂窝阵列",完成场景基础模型的复制。

同时调整对象选项卡中的宽、高数量和宽、高尺寸,实现场景主体、底座的场景搭建,如图5-9所示。

步骤2 通过效果器增加细节

在对象面板中选中"主体",在主菜单栏中执行"运动图形-效果器-简易"命令,为主体克隆添加简易效果器。

在对象面板中选中简易效果器,依次在效果器属性面板的参数选项卡和衰减选项卡中修改相关参数,实现场景中主体克隆模型的起伏,如图5-10所示。

图5-9

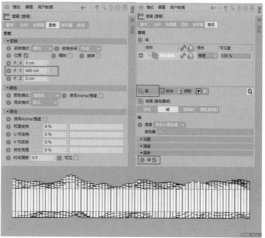

图5-10

任务2 制作克隆元素动画

前面通过效果器实现了场景主体模型的整体起伏,下面制作场景主体模型的起伏变化。

在对象面板中选中着色器域,在着色器域属性面板的着色器选项卡中添加"噪波",修改噪波着色器参数,实现场景主体模型的起伏变化,如图5-11所示。

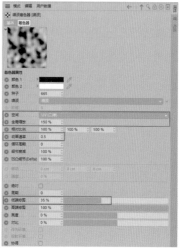

图5-11

任务3 设置场景灯光

分析原片场景画面的构图和光影，通过摄像机快速完成视角构图。同时在Octane实时查看窗口中添加灯光、环境，并调整相关参数，实现场景画面的光影变化。

步骤 1 使用摄像机确认构图

添加摄像机实现场景画面构图的调整。在对象面板中选中摄像机，在摄像机属性面板的合成选项卡中开启参考线功能，用于辅助调整场景画面构图。在视图窗口中单击旋转摄像机视角，完成场景画面的摄像机构图，如图5-12所示。

步骤 2 场景布灯

分析原片光影，可以得出场景主光源位于画面左上方，同时整体场景较为明亮，所处环境亮度适中。打开Octane实时查看窗口，通过 Octane区域光调整角度，将主光源置于画面左上方，完成场景主光源的创建，如图5-13所示。

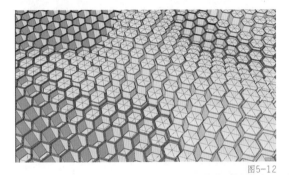

图5-12

图5-13

在Octane实时查看窗口中调整HDRI环境的相关参数，在 HDRI环境属性面板中的纹理处指定环境贴图，完成场景环境光的创建，如图5-14所示。

图5-14

任务4　设置模型材质

分析原片的质感表现，主体模型为琥珀质感的透明材质，底座模型为光泽的塑料材质。可在Octane实时查看窗口中单击光泽、透明材质，调整材质球相关参数，分别创建主体、底座材质球，并赋予模型，实现场景的质感表现。

步骤1　设置主体材质

在Octane实时查看窗口中单击材质中的Octane透明材质，调整材质球属性后赋予主体复制，完成主体材质球的添加，如图5-15所示。

步骤2　设置底座材质

同理调整Octane光泽材质的相关属性，并赋予底座复制，完成底座材质球的添加，如图5-16所示。

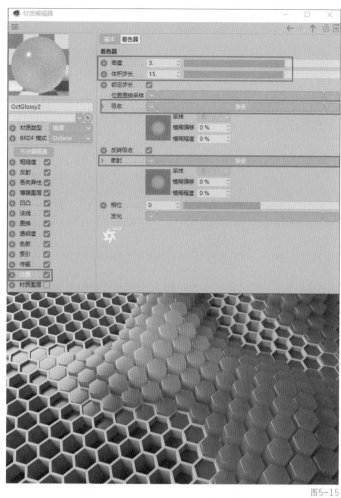

图5-15

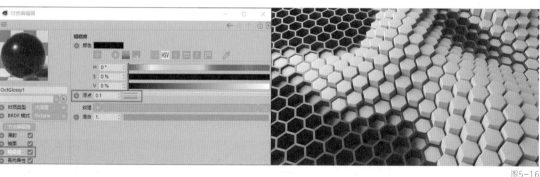

图5-16

任务5　渲染输出与后期合成

在后期制作过程中，为了方便后期合成制作，通常需要在三维输出环节设置相关多通道渲染输出。在OC渲染器中，通常需要进行渲染通道、信息通道、渲染图层蒙版等多通道渲染设置。

利用渲染出的多通道分层渲染文件对画面进行后期合成，通过一系列的合成制作，完成最终渲染效果图。

步骤 1　渲染输出

引用第2课第4节讲解的OC渲染设置进行本案例的渲染，完成渲染操作，如图5-17所示。

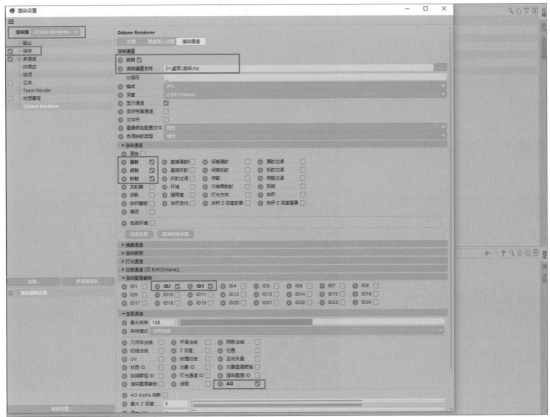

图5-17

步骤 2　在 Adobe After Effects 中合成

打开Adobe After Effects，将Cinema 4D分层渲染的画面依次导入。以渲染图片大小创建合成。选择图层，添加色阶效果，加强图片的明暗对比，如图5-18所示。

图5-18

使用渲染的图层ID文件对场景元素进行分层。根据画面需求，给相应元素图层添加色阶效果，调整明暗对比，匹配整体画面效果，如图5-19所示。

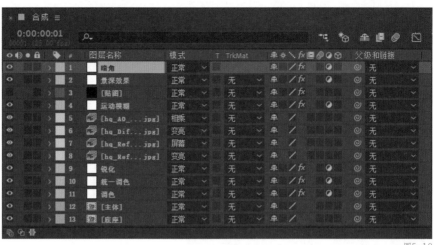

图5-19

经过调色、叠加等处理后，合成出更有质感的画面。同时添加动画的运动模糊效果、画面景深，完成后期处理，如图5-20所示。

图5-20

本课练习题

实战项目：高级运动图形风格动画制作。

核心知识：运动图形风格场景搭建、动画制作、渲染调色。

基础参数：1280像素×720像素，25帧/秒

作业要求：

  1.根据项目参考完成高级运动图形风格动画的制作；

  2.添加场景材质灯光；

  3.分层渲染并使用Adobe After Effects调色合成动画；

  4.作业需符合尺寸、帧率的要求。

第 **6** 课

写实风格——
汽车场景渲染

项目需求

◆ 基础参数：1920像素×1080像素，72像素/英寸

◆ 风格：写实

◆ 主色调：浅蓝、橘色

◆ 应用领域：商业广告、电影/电视

本课目标

本课将讲解如何根据需求，制作出图6-1所示的写实汽车场景渲染风格。通过本课的学习，读者可以深入了解三维场景的搭建方法、材质的调节方法和后期合成的流程。

图6-1

实战准备1 初识写实风格

随着科技的发展和技术的更新，目前流行的商业广告做得越来越接近电影，越来越真实，写实风格的广告被广泛应用。

知识点 1 写实风格的应用领域

写实风格的应用领域很广，有商业广告、电影/电视、短视频、栏目包装、室内设计、游戏特效等，如图6-2所示。写实风格很适合做一些高端大气的场景。

图6-2

知识点 2 写实风格的表现形式

写实风格比较接近于现实生活，设计元素真实、模型摆放随机化，纹理质感需用划痕和脏旧的贴图来模拟，不能光滑无瑕疵，如图6-3所示。

图6-3

知识点 3 写实风格的特点

写实风格的特点就是真实，与现实生活很接近，直观上很难辨认出是拍摄出的作品还是三维制作出的作品，如图6-4所示。

图6-4

实战准备2 制订写实风格方案

根据客户的设计需求绘制设计草图，然后寻找写实风格的图片，从中取色，制作参考色板。

知识点 1 创意灵感来源

在搜索引擎中输入写实、汽车、三维、场景等关键词，搜索国内外创意比较好的作品来寻找灵感，为后续的创作提供帮助。使用创意图或者草图与客户对接，交换意见，并开展后续工作。图6-5所示为相关参考图和草图。

图6-5

知识点 2 配色方案的制订

草图绘制完成后，寻找写实风格的图片进行取色，制作参考色板。将提取出来的配色方案色板拿给客户，经商议后确定符合客户需求的配色方案，如图6-6所示。

图6-6

实战准备3 技术点解析

本项目的制作需要使用Forester插件和体积雾。在场景中增加花、草等元素，能够使场景细节更丰富，Forester是比较主流的树木花草生成插件，有强大的预设库和动画系统，用起来方便快捷。体积雾能使远处的景物变得模糊，这样能更好地体现出场景的空间感。

知识点 1 Forester 插件的核心知识

Forester插件有强大的预设库，用户可以根据需求选择，然后根据根、茎、叶等级别，修改每一级的参数，以实现自己想要的效果，如图6-7所示。

图6-7

在主菜单栏中执行"扩展-Forester-多重植物群生成器"命令，在多重植物群预设库里面选择需要的预设，如图6-8所示。

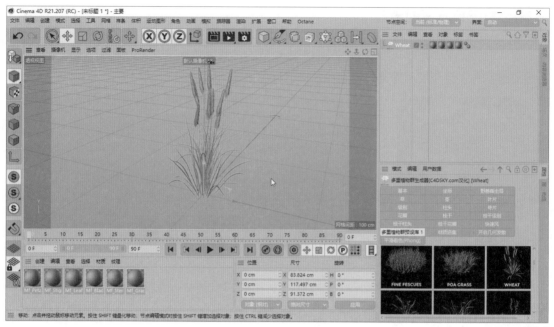

图6-8

知识点 2 体积雾的核心知识

体积雾可以在一个区域内产生雾化效果，如图6-9所示。在Octane实时查看窗口的"对象"菜单中添加体积雾效果，在属性面板的"体积介质"中调节密度来控制雾的稀薄程度；调整颜色能控制雾的可见度，吸收颜色是内部颜色，散射颜色是外部颜色。

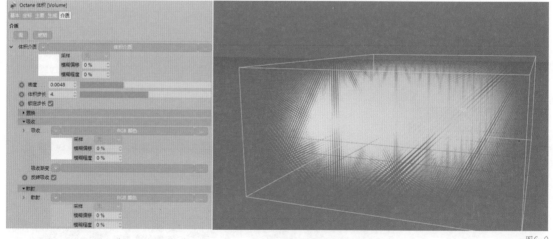

图6-9

任务1 搭建场景

场景的搭建是一个项目的开始，首先要确认渲染的尺寸，然后确认相机的焦距。场景模型的摆放注意拉开距离，以产生空间感，构图时需注意突出主体。

步骤 1 摆放模型

在素材包中打开"场景"文件，确定渲染尺寸后，使用提供的模型，按照前面绘制的设计草图将模型的距离拉开，使场景产生很好的空间感，如图6-10所示。

图6-10

步骤 2 设置摄像机

设置摄像机，采用50毫米长焦镜头，避免主体汽车透视变形，如图6-11所示。采用双视图模式，根据相机视图中的画面，在透视视图中进一步调整各个模型的位置。

步骤 3 突出主体

汽车是本项目的主体，需要将其放到画面的主要位置，如摆放到黄金分割点上。确定汽车位置后，再次调整其周围模型的位置，让它们均匀分布在画面中，使画面更加平衡，如图6-12所示。

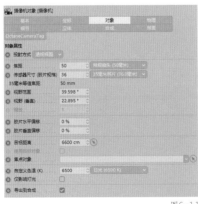

图6-11

图6-12

任务2 设置场景灯光

本案例是室外场景，有天空和地面，室外照明一般采用日光作为主光源，再添加一些面光作为辅光源，如图6-13所示。

图6-13

步骤 1 日光设置

创建日光。打开Octane实时查看窗口，在"对象"菜单中新建日光，并在对象面板中选择日光标签，调整其功率使日光达到合适的效果，如图6-14所示。

调整日光角度。日光的角度也能决定光的强弱，在属性面板的坐标选项卡中，"R.H"可以调整日光的方向，"R.P"能调节场景中太阳所在位置的高低，如图6-15所示。

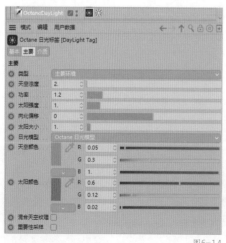

图6-14

图6-15

步骤 2 添加 HDRI 环境

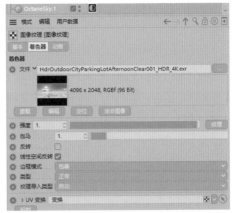

图6-16

HDRI环境能够增加场景中反射材质的细节，在Octane实时查看窗口的"对象"菜单中添加HDRI环境，并在HDRI环境标签的图像纹理中加载提供的HDR贴图，如图6-16所示。

在HDRI环境标签中，将类型设置为"可见环境"，不勾选"背板"复选框，勾选"反射"和"折射"复选框，这样既可以有日光的照明，又可以有HDRI环境的反射，如图6-17所示。

图6-17

环境加载完之后，还需要调节环境的色彩，来更好地匹配场景。为HDR贴图添加色彩校正节点，调整其色彩，如图6-18所示。

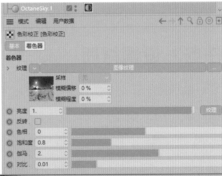

图6-18

步骤3 添加汽车反光板

只有日光和环境显得比较单一，为了更好地体现汽车材质的质感，需创建几个面光源，在汽车周围产生反射，使汽车材质的细节更多，如图6-19所示。

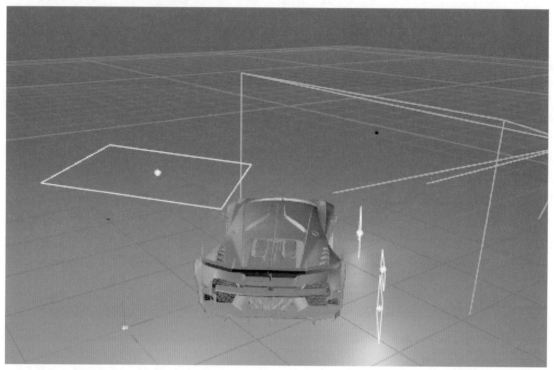

图6-19

任务3 设置材质

首先确定渲染模式，采用路径追踪模式，不添加摄像机滤镜，线性伽马设为"2.2"，如图6-20所示。此渲染模式效果好、速度快，对玻璃材质的折射也能渲染得非常到位。

图6-20

步骤1 制作车道线材质

车道线没有明显的反射，可以采用不带反射的漫射材质。在OC材质标签下新建漫射材质，并在漫射通道上添加图像纹理节点，加载车道线贴图，如图6-21所示。将真实的图片投射到模型上是很常用的调节材质的方法，操作简单、效果逼真。

图6-21

可以看到加载的图像大小不匹配场景的路面。将车道线材质标签的投射方式改为"平直"，并将车道线对齐到合适的位置，如图6-22所示。

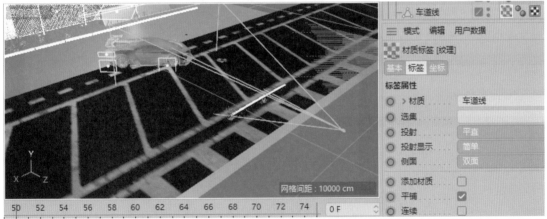

图6-22

为了使材质效果更真实，在漫射材质的法线通道上添加法线贴图，增强材质凹凸效果，如图6-23所示。

在材质的透明通道上添加车道线通道贴图，将贴图类型改为"Alpha"，过滤整个材质的黑色部分，如图6-24所示。

为了使线的颜色与场景匹配，增加色彩校正节点，对贴图调色，如图6-25所示。

图6-23

图6-24

图6-25

步骤 2 制作地面材质

整体地面有的地方光滑，有的地方粗糙，所以采用带反射属性的光泽材质。新建光泽材质，将索引调整至合适大小，并增加材质的粗糙度。在漫射通道上加载路面贴图，采用平直投射方式，调至合适的位置，如图6-26所示。

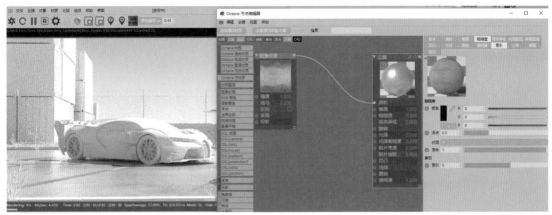

图6-26

提示 这里的索引控制反射程度，数值为1反射程度最大，数值为8次之。

在镜面通道上加载一张与漫射贴图匹配的反射贴图，控制地面的反射信息—— 白色的地方有反射，黑色的地方没有反射，中间颜色为过渡，如图6-27所示。

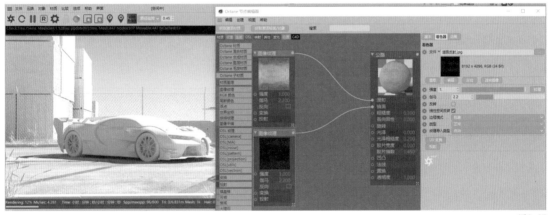

图6-27

在凹凸通道上加载一张凹凸纹理，使地面有凹凸起伏感，如图6-28所示。

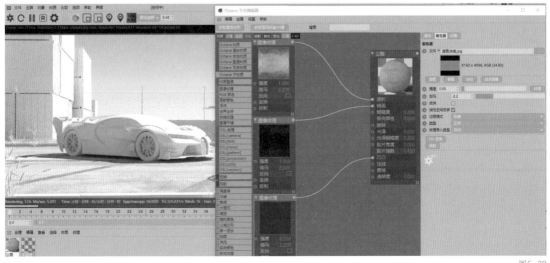

图6-28

131

在漫射贴图上增加色彩校正节点，调整颜色，如图6-29所示。

图6-29

步骤3 制作防撞带材质

防撞带也有一定的反射，所以采用光泽材质。新建光泽材质，在漫射通道上加载脏旧贴图，采用立方体投射方式，调至合适的位置，如图6-30所示。

图6-30

在镜面通道和法线通道上分别加载与漫射相匹配的反射和法线贴图，控制反射范围，增强凹凸效果，如图6-31所示。

图6-31

在漫射通道上增加梯度节点，通过渐变颜色调节漫射的脏旧贴图，如图6-32所示。

图6-32

步骤4 制作井盖材质

井盖会产生反射，所以采用光泽材质。新建光泽材质，在漫射通道上加载井盖贴图，采用平直投射方式，调至合适的位置；加载反射贴图，可以同时应用于镜面和粗糙度通道上；加载法线贴图，增强凹凸效果。具体设置如图6-33所示。

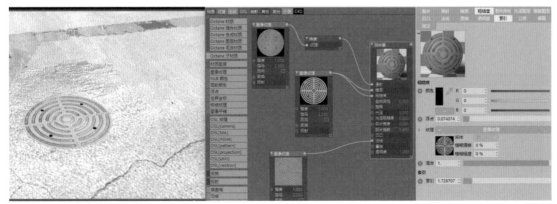

图6-33

步骤 5 制作石墩材质

石墩没有很明显的反射，所以采用漫射材质。新建漫射材质，在漫射通道上加载脏旧贴图，同时加载与之匹配的法线贴图，投射方式是立方体，调至合适的位置，并为漫射贴图添加渐变节点，调节颜色，如图6-34所示。

图6-34

步骤 6 制作铁丝网材质

铁丝网有很明显的反射，所以采用光泽材质。新建光泽材质，将漫射颜色压暗，镜面颜色调为偏金色，将索引值调大，并增加粗糙度，将调好的材质球赋予柱头选集，如图6-35所示。

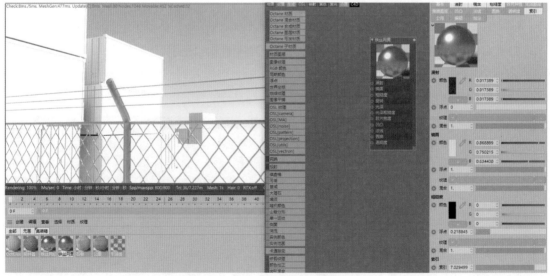

图6-35

直接复制金色金属材质，将镜面的金属改为银色，然后将其赋予铁丝网，如图6-36所示。

图6-36

　　场景中的草地、货轮、集装箱、起重机等可采用同样的方法，采用漫射或者光泽材质并添加贴图即可。

步骤7 制作车漆材质

　　车漆材质分为3层：第一层是底漆，也就是车身颜色；第二层是色漆，就是中间夹杂的金属颗粒；第三层是清漆，起保护作用，也是反射最强的一层，如图6-37所示。

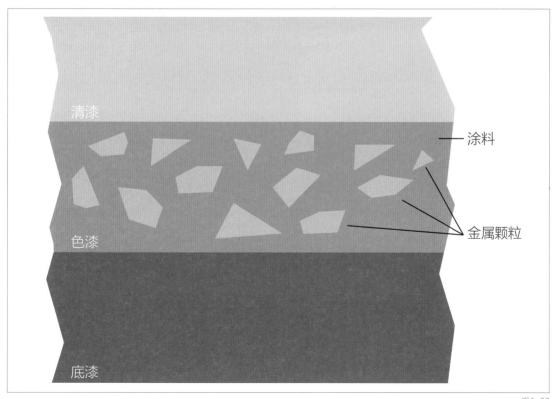

图6-37

制作底漆材质。整体车漆都带有反射效果，所以均采用光泽材质。新建光泽材质，本案例制作的是金色渐变到银灰色的车漆，将漫射和镜面通道颜色调为金色，也就是底漆的颜色，增加粗糙度，索引改为"1"，如图6-38所示。

图6-38

制作色漆材质，模拟金属颗粒的效果。金属颗粒有很强的反射，所以采用光泽材质。新建光泽材质，将漫射颜色改为金色，镜面颜色改为银色，这样可以让金属颗粒呈现出不同的色彩，增加粗糙度，索引改为"1"，如图6-39所示。

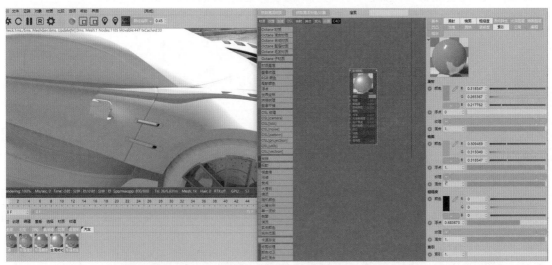

图6-39

在漫射通道上增加噪波节点，利用噪波的黑白信息让白色的地方有反射，黑色的地方没有反射，形成车漆的颗粒形状。将噪波类型改为"循环"，使其更接近于圆点，调整细节和对比度，如图6-40所示。

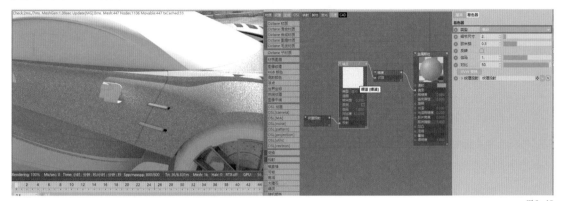

图6-40

噪波调节完毕后，发现颗粒的面积不合适，在噪波前面增加渐变节点（梯度），反转黑白，这样操作后，颗粒更匹配，如图6-41所示。

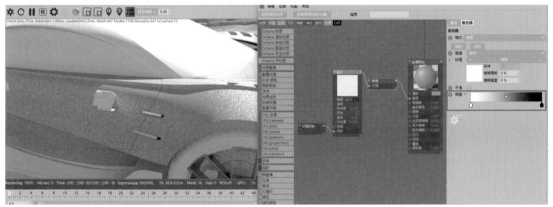

图6-41

进一步调节颗粒的大小，在噪波节点上增加纹理投射，更改缩放值，调整噪波大小，如图6-42所示。

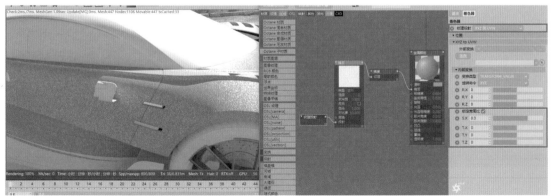

图6-42

新建混合材质，将色漆材质与底漆材质混合，将浮点纹理调整至合适的数值，如图6-43所示。这样既有底漆的颜色，又有高反射的金属颗粒。

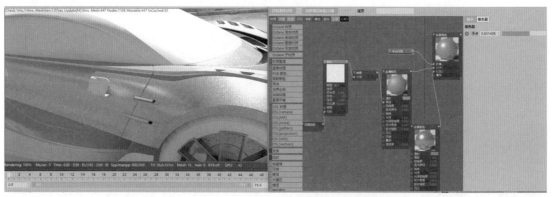

图6-43

制作清漆材质，打造车身反射。清漆材质是车漆最表面的高反射材质。新建光泽材质，将镜面颜色改为淡黄色，增加粗糙度，索引值改大，如图6-44所示。

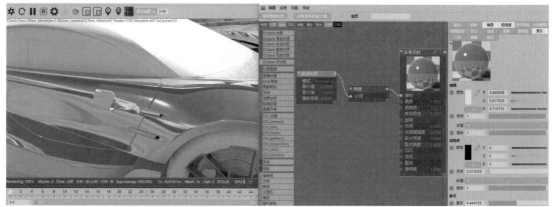

图6-44

制作菲涅尔（又译为菲涅耳）效果。添加衰减节点，并连接到漫射通道，如图6-45所示。这样车漆会因观看的角度不同而呈现出不同的颜色。

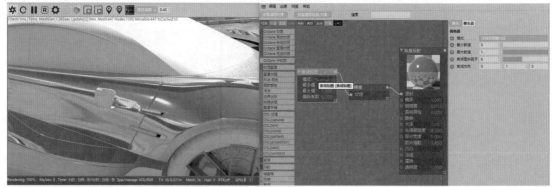

图6-45

在衰减节点前面加上渐变节点，调节渐变颜色，这样可以使车漆反射出不同的颜色，如图6-46所示。

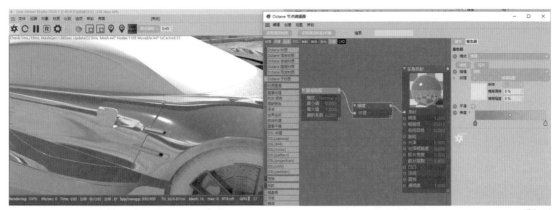

图6-46

制作车漆材质的最终效果。创建混合材质，将3种车漆材质混合在一起，将浮点纹理调至合适的数值，如图6-47所示。这样就能使3种材质混合在一起，呈现出最终的车漆效果。

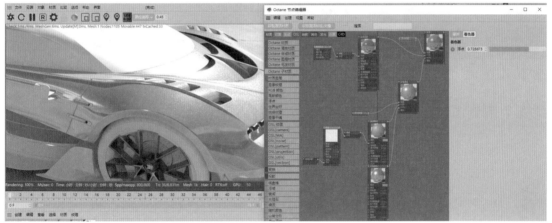

图6-47

制作黑色车漆材质。黑色车漆有着凹凸质感的反射。新建光泽材质，将漫射通道颜色压暗，增加粗糙度，索引值调至合适的大小，在镜面通道和法线通道上分别添加相对应的贴图，如图6-48所示。

图6-48

步骤 8 制作车窗材质

OC渲染器是通过透明材质来体现玻璃质感的，传输通道用于控制玻璃颜色。新建透明材质，在传输通道上添加混合纹理，衰减贴图连接混合纹理的数量，再添加两个RGB颜色节点，分别连至纹理1和纹理2，调出不同的颜色，如图6-49所示。

图6-49

步骤 9 制作汽车车灯材质

采用玻璃材质制作车灯轮廓材质。新建透明材质，将索引值改为"1.6"左右，赋予车灯外边缘，如图6-50所示。

提示 这里的索引用于控制折射率。

图6-50

车灯的发光可以通过调节漫射材质里面的发光通道实现。新建漫射材质，在发光通道上加载黑体发光，在分配通道上添加RGB颜色节点，改变颜色，将材质赋予车灯的一圈选集，如图6-51所示。

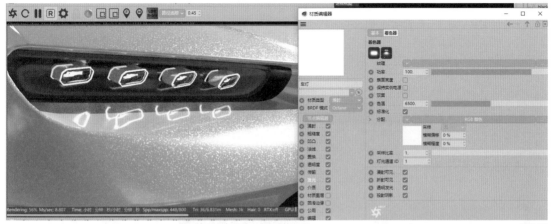

图6-51

将发光材质复制一份，在透明度通道中降低透明度后赋予车灯内部。这样明暗有对比、细节更多，如图6-52所示。

图6-52

汽车其他部分的材质，如轮胎、轮毂、尾翼、后车灯等，可采用同样的方法，采用漫射或者光泽材质并添加贴图进行设置。

任务4 使用Forester插件和体积雾为场景增加细节

为了使场景看起来更真实，可在地面上添加一些真实的花草模型和远处的雾效果，增加场景的细节。这里使用前面讲过的Forester插件和体积雾进行制作。

步骤 1 添加 Forester 插件，并将其分布在地面上

添加Octane分布生成器。为了让草能更好地分布在指定的区域，可以采用Octane分布生成器。它可以选择分布区域，而且不占用很多资源，只在渲染中显示。在Octane实时查看窗口的"对象"菜单中新建分布生成器，如图6-53所示。

图6-53

将花草作为分布生成器的子集，在生成器的分配选项卡中将分配改为"表面"，将花草分布在地面上，如图6-54所示。

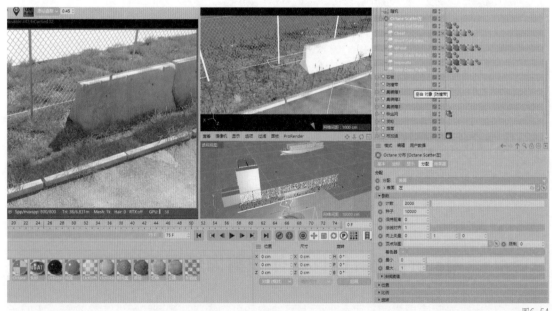

图6-54

为了使花草分布得更随机、更真实，创建随机效果器，用于影响分布生成器，如图6-55所示。

调节随机效果器的位置、缩放、旋转等参数，使分布的花草产生随机效果，如图6-56所示。

图6-55

图6-56

用分布生成器分布花草，可能会达不到最佳的位置配比效果，这时手动添加一些花草，做出更随机的效果，如图6-57所示。

图6-57

步骤 2 调节花草参数

在花草的野蔷薇全局选项卡中可以改变花草的大小，调节分布生成器下面的花草大小，使它们的大小更随机，如图6-58所示。

图6-58

在花草的草、茎、叶片等选项卡中，调节弯曲、长短等参数，使花草形态更随机，如图6-59所示。

图6-59

选一些花草的材质，可以不用软件自带的贴图，手动在漫射通道上加入渐变（梯度）和衰减节点，使材质呈现不同的效果，如图6-60所示。

图6-60

步骤3 调节体积雾范围

在体积雾的生成选项卡中，调节尺寸参数，使体积雾包裹住远处的场景。体素大小参数控制的是雾的细节，其值越小，细节就越多，建议不要设置得太小，因为会占很多资源，如图6-61所示。

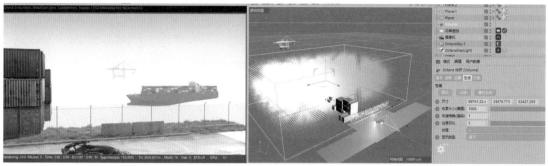

图6-61

任务5 多通道渲染输出

Cinema 4D渲染出来的图片需要通过后期合成软件润色，才能呈现出很好的效果。多通道分层渲染方便后期调整图片各部分的细节。

步骤 1 设置模型 ID

将需要单独调节的模型加上OC对象标签，在对象图层选项卡中设置图层ID。所有对象默认的ID都是1，所以我们设置单独对象的时候要从2开始，如图6-62所示。

步骤 2 设置 OC 渲染采样

在OC渲染器的核心设置选项卡中将最大采样改为"8000"，以提高渲染质量，如图6-63所示。

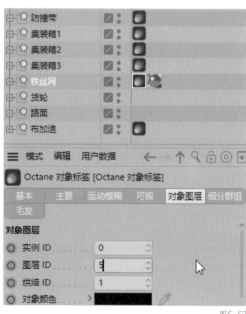

图6-62

图6-63

步骤 3 设置保存路径

在渲染设置窗口中，将常规图像的保存路径和多通道图像的保存路径设置得一样即可，如图6-64所示。

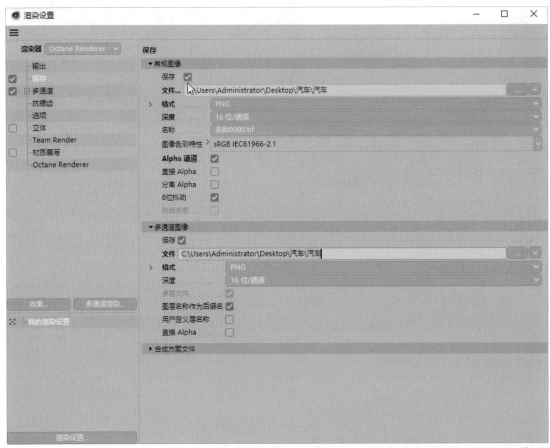

图6-64

步骤 4 开启 OC 多通道

在OC渲染器的渲染通道选项卡中勾选"启用"复选框，渲染通道文件路径可以和上面的设置得一样，在"渲染通道"里面，可以将漫射、反射、折射等通道都打开，如图6-65所示。

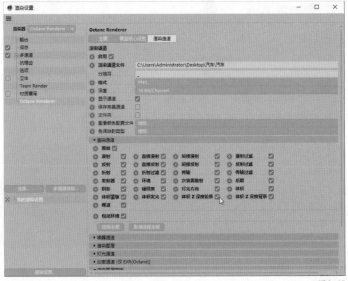

图6-65

步骤 5 OC 图层蒙版

在渲染图层蒙版中勾选相应的ID号复选框，在"信息通道"中勾选"AO"复选框，这样AO通道信息也可以单独渲染出来，如图6-66所示。

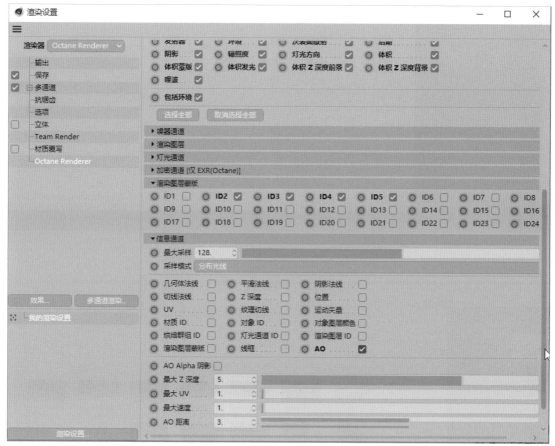

图6-66

任务6 后期合成

三维软件渲染出来的图片一般都稍微偏灰，需要通过后期合成软件Adobe After Effects调色才能有更好的效果。通过对分层的图片进行单独调节，再将它们叠加在一起，可以调节出更多的细节和层次。

步骤 1 整理三维渲染图

归类渲染图。把素材和渲染图做区分，将遮罩通道、有雾化、无雾化和天空的图片归类，以便于识别，如图6-67所示。

图6-67

确认通道渲染图片。确认输出的通道渲染图片，筛选有用的图片，如图6-68所示。

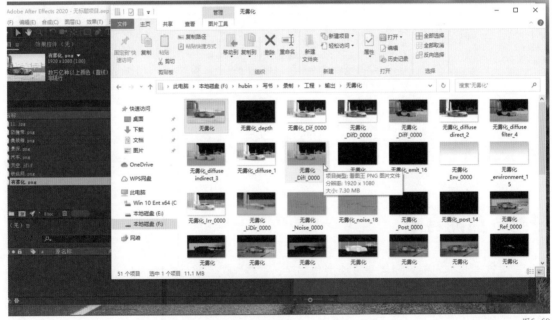

图6-68

步骤 2 Adobe After Effects 合成

在Adobe After Effects中以无雾化渲染图大小创建合成，如图6-69所示。

图6-69

把汽车通道图作为蒙版，将无雾化的汽车提取出来，如图6-70所示。这样方便单独调节汽车。

图6-70

给单独渲染出来的前面的花草部分添加高斯模糊效果，模拟景深效果，如图6-71所示。

图6-71

新建蓝色纯色层打底，将从天空素材中抠出的云朵叠加在上面，制作出蓝天白云的效果，如图6-72所示。

图6-72

新建纯色层，填充为深黄色，叠加在地面上，选择合适的范围，使地面有厚重感，如图6-73所示。

图6-73

新建调整层，添加Looks效果，选择合成的预设，调节调整层的不透明度，控制Looks的强度，如图6-74所示。

图6-74

在汽车上面叠加阴影通道，使汽车更有厚重感，如图6-75所示。

图6-75

在汽车上面叠加反射通道，使汽车的质感表现更强，如图6-76所示。

图6-76

新建纯色层，添加梯度渐变特效，叠加在汽车上，使汽车的颜色有对比，如图6-77所示。

图6-77

新建纯色层，在上面添加Optical Flares特效，叠加在汽车头部，以增加细节，如图6-78所示。

图6-78

新建调整层，为其添加曲线，调整整个场景的对比度和亮度，如图6-79所示。

153

图6-79

本课练习题

实战项目：设计不同的场景和材质（图6-80）。

核心知识：写实风格场景搭建、渲染调色、静帧制作。

基础参数：1920像素×1080像素，72像素/英寸。

作业要求：

1. 使用 Cinema 4D 参考草图制作汽车模型并搭建场景；

2. 添加场景材质灯光；

3. 分层渲染并使用Adobe After Effects调色合成效果图；

4. 作业需符合尺寸、分辨率的要求。

图6-80

第 **7** 课

赛博朋克风格——
未来都市实战项目

项目需求

◆ 基础参数：1500像素×2250像素，72像素/英寸

◆ 风格：赛博朋克风格

◆ 主色调：蓝色、紫色、青色等冷色调

◆ 应用领域：商业广告、风格渲染等

本课目标

本课将讲解如何根据上述需求及所提供的素材，制作出图7-1所示的赛博朋克风格场景渲染图。通过本课的学习，读者可以深入了解赛博朋克风格场景的搭建方法、材质的调节方法和后期合成的流程。

图7-1

实战准备1 初识赛博朋克风格

随着《阿丽塔：战斗天使》《攻壳机动队》等电影的热映，赛博朋克(Cyberpunk)作为一种潮流风格又一次火了起来。赛博朋克源自20世纪80年代的科幻流派，从小众文学一直跨界至大银幕的电影，并最终成为一种相对大众的潮流文化。

知识点 1 赛博朋克风格在设计中的应用

赛博朋克风格影响广泛，不仅包括文学领域，更涉及了影视、游戏、UI 设计、海报设计等各个领域，如图7-2所示。

图7-2

知识点 2 赛博朋克风格的表现形式

在传统的赛博朋克风格作品中，常见元素包括黑客、虚拟现实、人工智能、基因工程、控制论与电脑生化、都市扩张与贫民窟、数字空间等。作品的主要色调更加偏向蓝色、紫色、青色等冷色调的搭配，如图7-3所示。

图7-3

实战准备2 制订赛博朋克风格设计方案

根据客户的设计需求绘制设计草图，然后寻找赛博朋克风格的图片，从中取色，制作参考色板。

知识点 1 创意灵感来源

本课案例场景设定为城镇小巷，根据场景设定，搜索赛博朋克、霓虹灯、未来科技等关键词，搜集相关风格参考图片，如图7-4所示。

图7-4

知识点 2 配色方案的制订

创意参考确定后，根据创意参考图片进行取色，制作参考色板。提取配色方案色板同客户商议，确定符合客户需求的配色方案，如图7-5所示。

图7-5

实战准备3　体积雾的核心知识

　　在场景渲染中，通过添加体积雾效果可以增加场景空间层次，使场景细节更丰富，如图7-6所示。下面将讲解OC渲染器中体积雾的添加与核心参数。

图7-6

　　在Octane实时查看窗口的"对象"菜单中添加OC体积雾对象，在对象面板中选择体积雾，在属性面板中选择生成选项卡。在生成选项卡中，体素大小数值越小，体积雾渲染精度越高；体素大小数值越大，体积雾渲染精度越低，如图7-7所示。

　　在属性面板中选择介质选项卡，单击体积介质，打开体积介质属性面板。其中，密度参数控制体积雾的厚度和可见度，"吸收"中的相关设置控制体积雾的明暗度，"散射"中的相关设置控制体积雾的浓度，"发光"中的相关设置控制体积雾的散射强度，如图7-8所示。

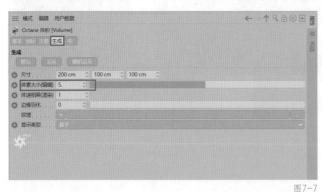

图7-7

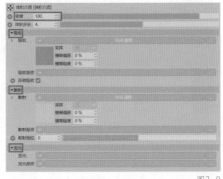

图7-8

任务1 场景相关设置

本课的案例需在提供的场景模型工程的基础上进行制作。首先，在熟悉场景模型工程的基础上确认渲染的尺寸，然后确认相机的焦距，并根据创意参考确定场景构图。

打开随书附赠资源中的"场景整理"文件，确定渲染尺寸后，创建摄像机。在摄像机对象选项卡中将焦距设置为"70"，避免场景模型出现较大透视变形，如图7-9所示。

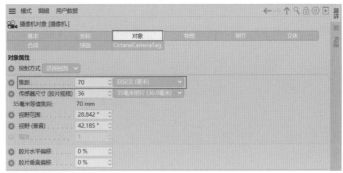

图7-9

任务2 设置楼房材质

本案例使用OC渲染器制作材质。制作时，渲染设置引用第2课第4节中讲解的OC渲染设置。设置材质时，需在明确材质类型后，依据类型调取相应的材质预设，并调整参数，得到与需求相符的材质。

步骤1 设置楼房脏旧粗糙材质

新建光泽材质，在漫射通道上加载楼房贴图与脏旧贴图，添加变换节点调整贴图大小，添加色彩校正节点调整楼房贴图亮度数值，添加相乘节点将楼房贴图与脏旧贴图进行图层混合，增加漫射通道材质细节，如图7-10所示。

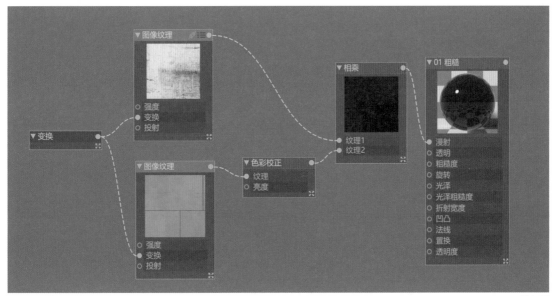

图7-10

在粗糙度通道、凹凸通道和法线通道上分别加载与漫射相匹配的粗糙、凹凸与法线贴图，调整相关节点参数，设置材质UV大小、投射方式，完成楼房脏旧粗糙材质的制作，如图7-11所示。

图7-11

步骤2 设置楼房脏旧光泽材质

将步骤1制作的材质球复制1份，修改漫射通道贴图信息，调整相关节点参数，降低粗糙度通道、凹凸通道与法线通道强度，制作楼房脏旧光泽材质，如图7-12所示。

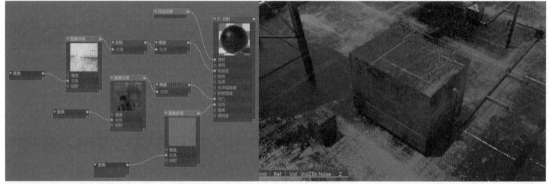

图7-12

步骤3 制作楼房材质的最终效果

创建混合材质，将楼房脏旧粗糙材质与楼房脏旧光泽材质混合在一起，添加噪波节点，调整相关节点参数。将噪波节点连接到混合材质数量通道，如图7-13所示。

图7-13

将楼房材质的投射方式统一设置为"立方体",根据镜头景别调整UV大小,如图7-14所示。

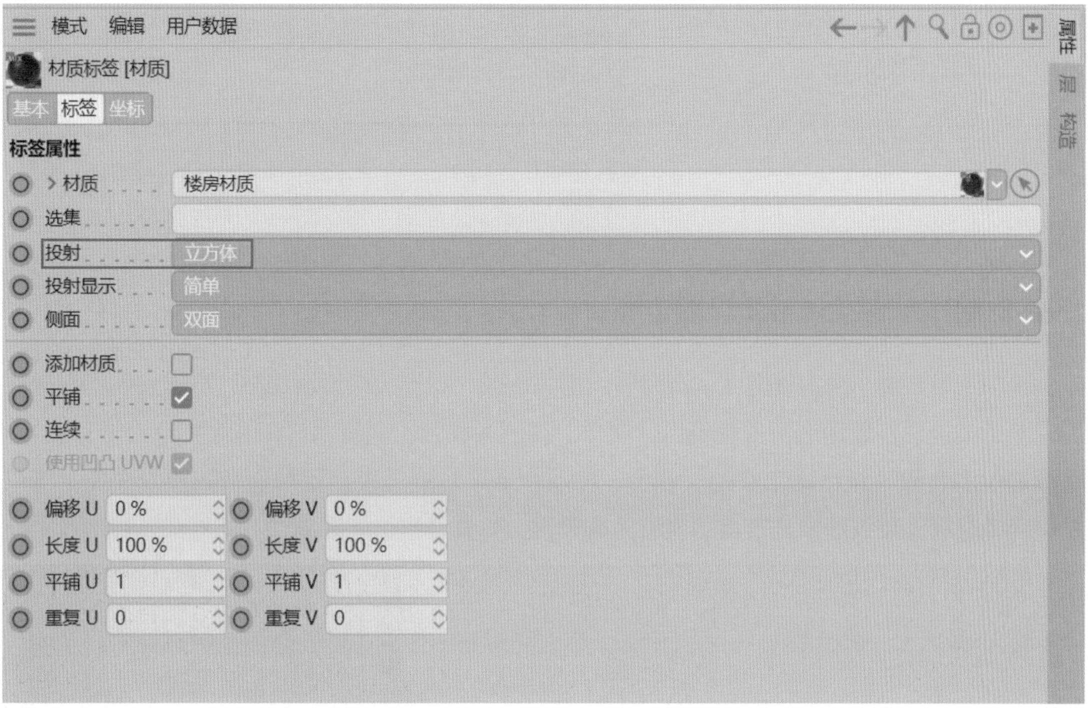

图7-14

任务3 设置灯箱发光材质

在赛博朋克风格场景渲染中,霓虹灯发光材质为场景提供了主要光照来源,同时霓虹灯发光贴图颜色的选择也是确定场景整体色彩基调的基础。

步骤 1 制作灯箱发光材质

新建漫射材质,在发光通道上添加纹理发光节点,加载灯箱贴图添加到纹理发光节点的纹理通道中,如图7-15所示。

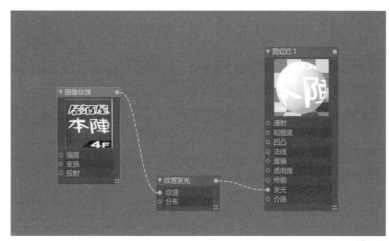

图7-15

选择材质球，在材质标签选项卡中将投射设置为"立方体"，调整UV大小，将贴图纹理设置到合适大小，如图7-16所示。

模式　编辑　用户数据

材质标签 [材质]

基本　标签　坐标

标签属性

○ > 材质 霓虹灯.1
○ 选集 . . . .
○ 投射 . . . . 立方体
○ 投射显示 . . . . . 简单
○ 侧面 . . . . 双面

图7-16

步骤2 制作灯箱发光材质脏旧边缘

添加污垢节点，根据模型比例调整节点相关参数，制作边缘污垢细节。将噪波贴图与浮点纹理节点通过混合纹理进行蒙版混合，制作边缘污垢蒙版。同时将RGB颜色节点与灯箱纹理贴图通过混合纹理进行第二次图层混合，将混合结果分别连接至漫射通道和发光通道。连接发光通道时需添加纹理发光节点。查看渲染效果，完成最终材质的制作，如图7-17所示。

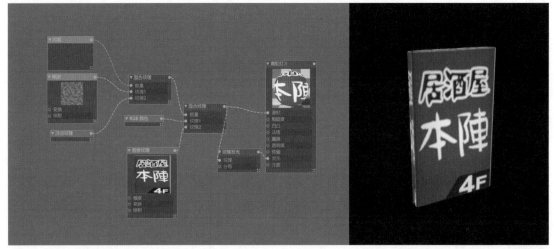

图7-17

提示　在混合纹理节点中，纹理1表示为下图层，纹理2表示为上图层。

任务4 制作潮湿地面材质

本任务将讲解如何使用高分辨率纹理和OC混合材质来制作水坑和潮湿的道路效果。

步骤1 添加基础地面材质

新建光泽材质，在漫射通道、凹凸通道和法线通道上加载道路贴图，将法线贴图强度设置为"0.5"，如图7-18所示。

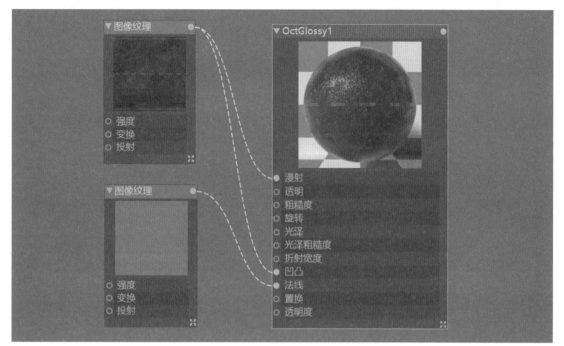

图7-18

　　预览渲染结果，可以看到加载的图像大小与场景路面不匹配。将地面对象材质标签的投射
方式设置为"平直"，并对齐到合适的位置，如图7-19所示。

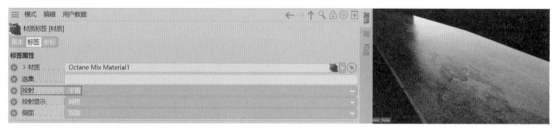

图7-19

步骤 2　制作潮湿材质

　　新建光泽材质，在漫射通道上加载道路贴图，复制道路贴图，添加混合纹理节点，加载水
坑贴图，将水坑贴图与道路贴图进行图层混合，连接到凹凸通道，如图7-20所示。

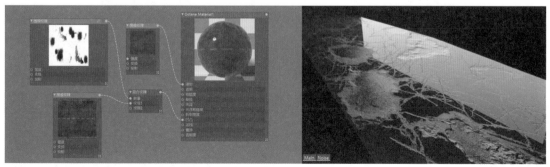

图7-20

创建混合材质，将基础地面材质与潮湿材质混合在一起。加载水坑贴图，调整贴图 UV 大小，将水坑贴图连接到混合材质数量通道，如图 7-21 所示。

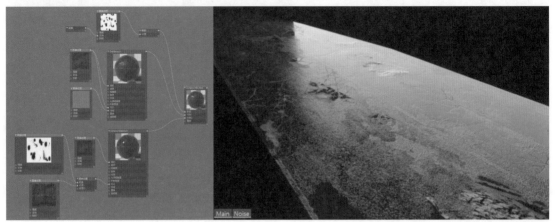

图 7-21

任务 5 场景灯光设置

本案例的场景主要以灯箱发光材质作为光照来源。通过渲染图可以观察到，前景通过灯箱发光材质和添加部分发光对象营造光照氛围。远景可以添加两个区域光进行远景光照的补光设置，如图 7-22 所示。

图 7-22

任务6 添加场景雾效，增加场景层次

在大场景的渲染制作中，合理添加体积雾效果，可以有效增加场景空间层次，下面介绍使用OC渲染器制作体积雾效果的方法。

在Octane实时查看窗口的"对象"菜单中添加OC体积雾对象，根据场景大小设置体积雾尺寸，将体积雾体素大小设置为"600"，如图7-23所示。

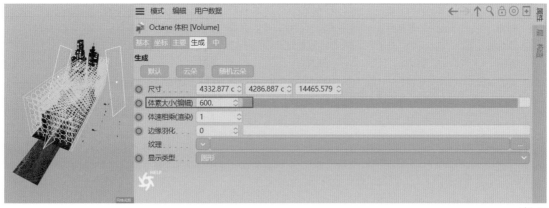

图7-23

在体积雾体积介质面板中将密度设置为"0.2"，该参数主要影响雾的稀薄程度。在"散射"中添加浮点纹理，控制散射强度。在"发光"中添加黑体发光，调整发光强度参数，控制雾的光子反弹次数，如图7-24所示。

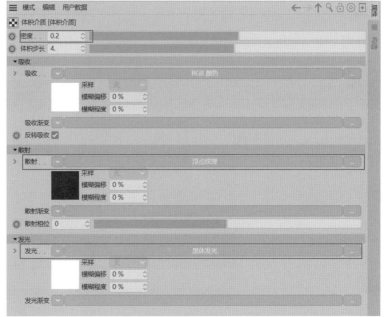

图7-24

任务7 多通道渲染输出

在后期制作过程中，为了方便后期合成制作，通常需要在三维输出环节设置相关多通道渲染输出。在OC渲染器中，通常需要进行渲染通道、信息通道、渲染图层蒙版等多通道渲染设置。

步骤 1 设置渲染通道

将渲染器设置为"Octane Renderer",在渲染通道选项卡中单击展示"渲染通道",根据后期合成需要勾选"反射""发射器""体积""体积Z深度背面"复选框,如图7-25所示。

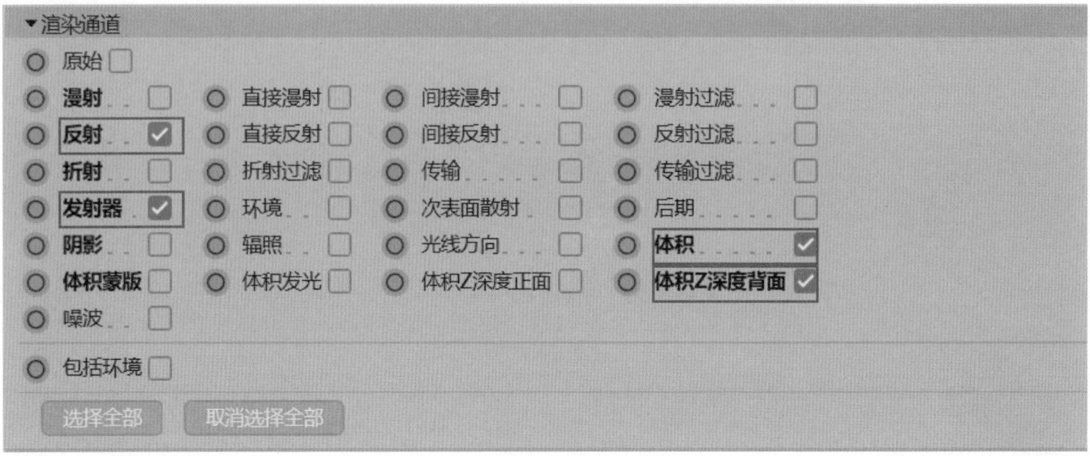

图7-25

步骤 2 设置信息通道

在渲染通道选项卡中单击展开"信息通道",将最大采样设置为"300",勾选"Z深度"复选框,同时根据渲染预览窗口Z通道渲染信息,调整最大Z深度参数,如图7-26所示。

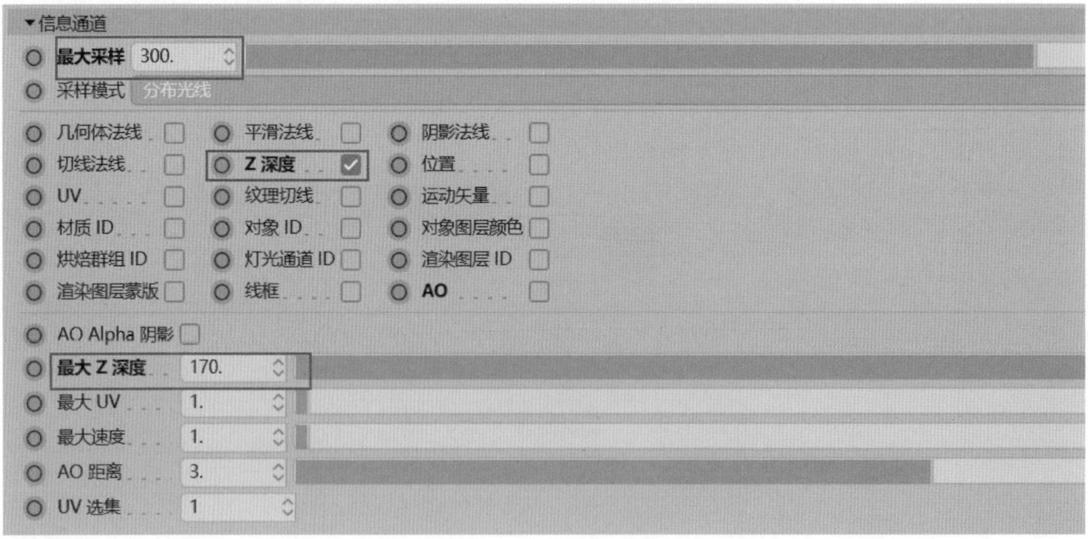

图7-26

步骤 3 设置模型 ID

将需要单独进行后期调节的模型加上OC对象标签,在对象图层选项卡中设置图层ID。设置单独对象的时候从2开始,依次设置。同时,将"渲染图层蒙版"下对应的ID复选框依次勾选,如图7-27所示。

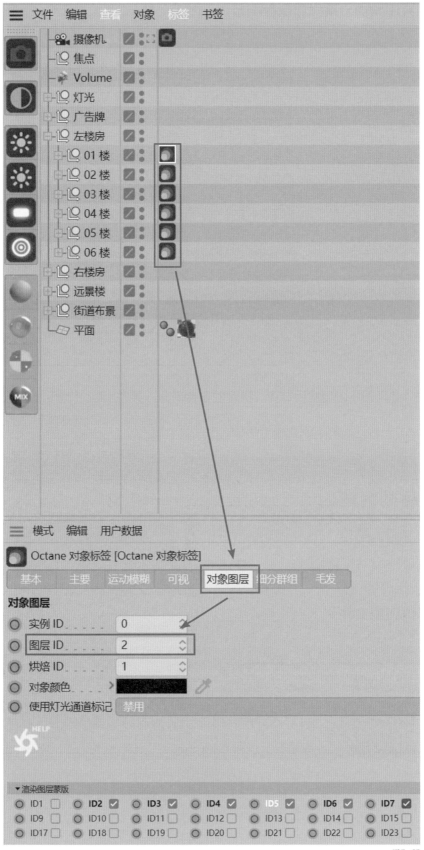

图7-27

步骤 4 设置渲染输出采样和保存路径

在Octane设置窗口的核心选项卡中将核心设置为"路径追踪",将最大采样设置为"10000",将CI修剪设置为"1",如图7-28所示。在渲染设置窗口中设置好常规图像的保存路径和OC渲染通道的保存路径,然后渲染输出。

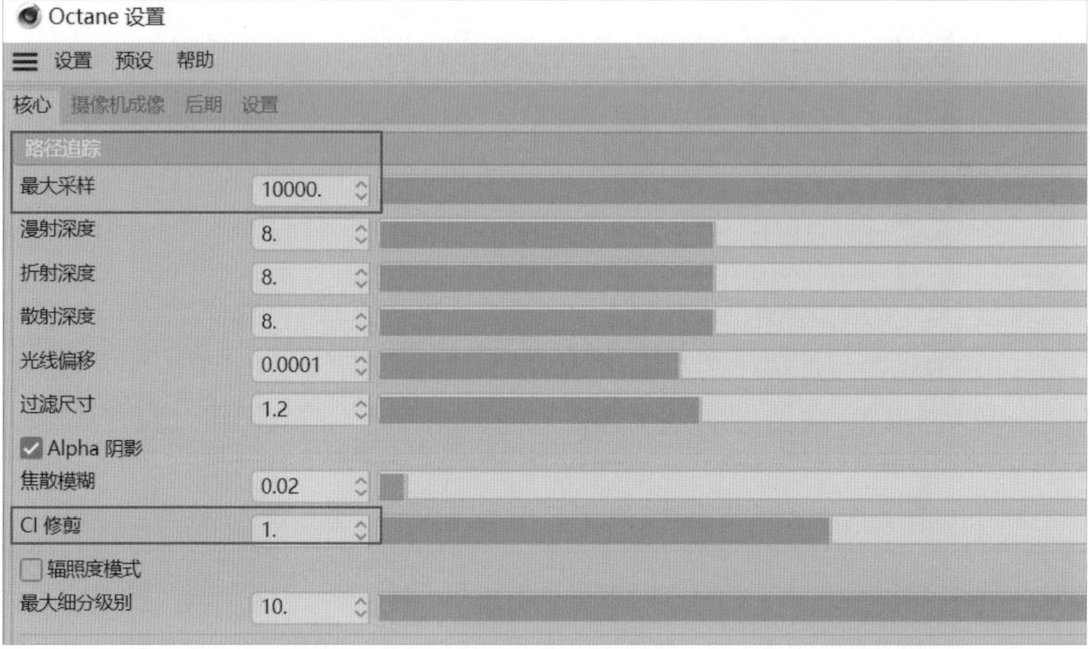

图7-28

任务8 后期合成

利用渲染出的多通道分层渲染文件对画面进行后期合成,通过一系列的合成制作,完成最终渲染效果图。

步骤 1 整理渲染文件

将渲染输出文件按照类别进行合理分类并打组,方便后期合成的调用,如图7-29所示。

图7-29

收集场景雾效合成元素，进行分类整理，方便合成使用，如图7-30所示。

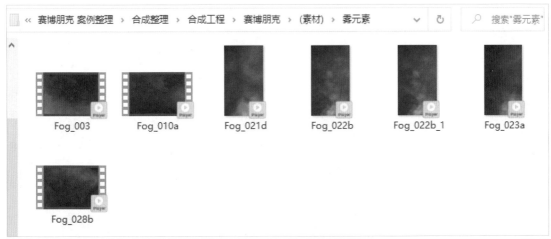

图7-30

步骤 2 在 Adobe After Effects 中合成

将渲染图片导入Adobe After Effects的项目面板中，以渲染图片大小创建合成。选择图层，添加色阶效果，加强图片的明暗对比，如图7-31所示。

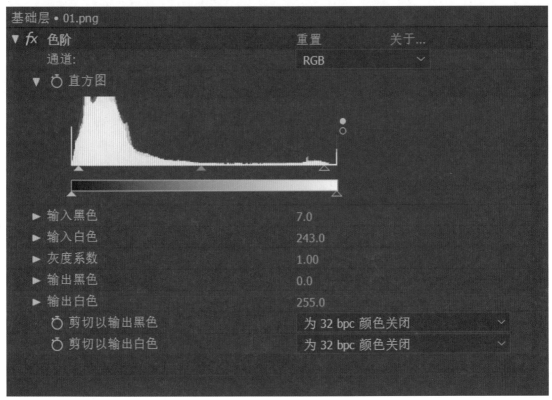

图7-31

使用渲染的图层 ID 文件对场景元素进行分层。根据画面需求，给相应元素图层添加色阶效果，调整明暗对比，匹配整体画面效果，如图 7-32 所示。

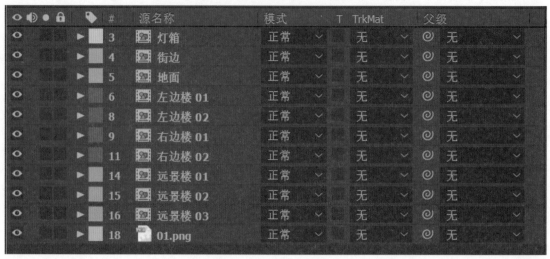

图7-32

根据画面需求在不同图层中间添加雾效素材，为场景添加雾效元素，如图 7-33 所示。

图7-33

将添加雾效元素的场景图层预合成为"基础层"，将体积雾分层文件导入图层面板，放置在基础层上方，添加色阶和色彩校正效果，同时将体积雾图层的混合模式设置为"相加"，为场景添加体积雾合成效果，如图 7-34 所示。

将发光分层文件导入图层面板，放置在体积雾图层上方，添加色阶和 Deep Glow 效果，同时将发光图层的混合模式设置为"屏幕"，为场景添加光晕合成效果，如图 7-35 所示。

图7-34

图7-35

新建调整层，添加CC Rainfall效果，并设置相关参数，为场景增加下雨元素，如图7-36所示。

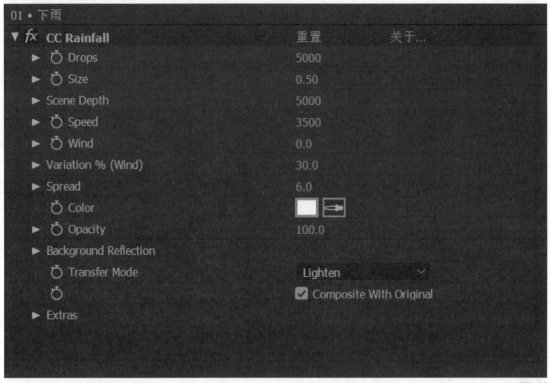

图7-36

新建调整层，添加曲线、曝光度效果，并设置相关参数，增强画面整体的对比度，如图7-37所示。

图7-37

新建调整层，添加Colorista V效果，进行风格调色；添加锐化效果，提高画面整体的精度。最终合成效果如图7-38所示。

图7-38

本课练习题

实战项目：赛博朋克风格场景设计（图7-39）。

核心知识：赛博朋克风格场景搭建、渲染调色、静帧制作。

基础参数：1200像素×1590像素，72像素/英寸。

作业要求：

1. 根据项目参考设计并搭建赛博朋克风格场景；

2. 添加场景材质灯光；

3. 分层渲染并使用Adobe After Effects调色合成效果图；

4. 作业需符合尺寸、分辨率的要求。

图7-39

X-Particles粒子风格——
头盔场景粒子实战项目

项目需求

◆ 基础参数：1920像素×1080像素，72像素/英寸

◆ 风格：冷色、暗调体现质感和氛围感

◆ 主色调：绿色、木色

◆ 特色：利用粒子特效提升整个片子的细节、突出主体，让片子更吸引人的眼球

◆ 应用领域：产品体现、氛围渲染等

本课目标

本课将讲解如何根据上述需求及所提供的素材，制作出图8-1所示的头盔场景粒子效果图。通过本课的学习，读者可以深入了解粒子效果的制作方法，以及其在实际案例中的应用等。

图8-1

实战准备1 初识粒子特效风格

随着影视包装行业的不断发展，影视包装类的作品也逐渐融入特效、角色等元素。粒子就是特效类型中的一种风格。

知识点 1 粒子特效风格的应用领域

粒子特效在影视包装中通常会应用于产品的功能体现、场景的氛围渲染及流体力学的应用等。它的形式可以是多种多样的。图8-2所示的粒子特效属于氛围类，主要用于加强场景的氛围感，为场景增加细节以突显风格；图8-3所示的粒子特效属于产品功能类，主要用于突显真实生活中物体的功能及产品特征效果；图8-4所示的粒子特效属于流体类，主要用于体现真实流体的动感与形态。

图8-2

图8-3

图8-4

知识点2 粒子特效在软件中如何实现

在影视包装行业中，制作粒子类效果通常会使用X-Particles（后文简称X-P）插件，这是一款Cinema 4D粒子特效插件，不仅可以模拟计算光效粒子，而且可以模拟流体、破碎、布料等效果。图8-5所示为X-P插件官网首页画面，图8-6所示为软件模拟计算粒子时得到的画面。

图8-5

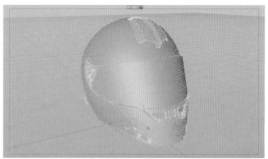
图8-6

实战准备2 X-P粒子特效插件的核心知识

在正式开始制作粒子效果前，首先需要对制作粒子效果的插件有一个初步的认识。

知识点1 下载并安装粒子插件

打开X-P插件官网首页，单击"My Account"进行注册，如图8-7所示。

图8-7

单击"Continue"按钮注册新账号，如图8-8所示。

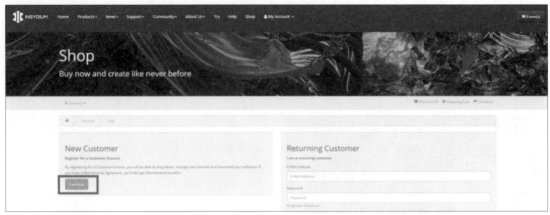

图8-8

输入信息及密码后，勾选"I have read and agree to the Privacy Policy"（已阅读并接受隐私政策）复选框，最后单击"Continue"按钮，如图8-9所示。

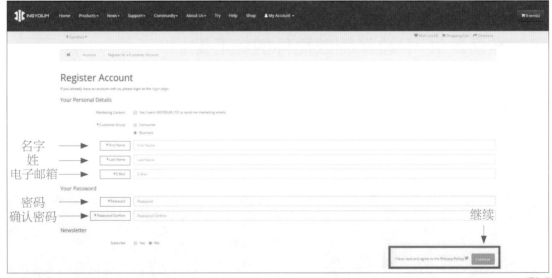

图8-9

提交后官网会给对应邮箱发送验证链接，用户只需单击邮件中的链接即可激活并登录账户，如图8-10所示。

A download was attempted for X-Particles Demo from the IP address:

Please verify this download was you by visiting or clicking on the verification link below. The verification needs to be done from the same location (IP address).

← 单击链接即可

The verification code ends $...0111

By verifying your download you agree to our Terms and Conditions and EULA.

Thank you.

To sign up to our Newsletter with exclusive Top Tips please visit:

图8-10

登录注册好的账户后单击"Try",填写相关信息并提交,如图8-11所示。

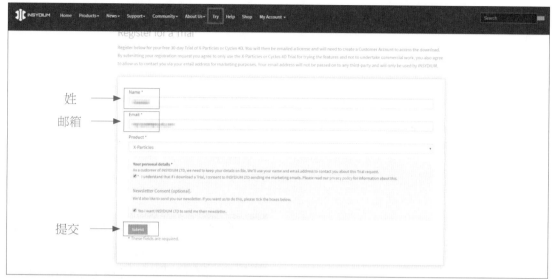

图8-11

提交后官网会发送相应许可证及插件下载链接至用户指定的邮箱,如图8-12所示。

图8-12

打开下载链接后,填写许可证,最后单击"Add License"按钮,如图8-13所示。

图8-13

将下载好的文件解压后，拖曳至 Cinema 4D 插件目录下即可，如图 8-14 所示。

名称	修改日期	类型	大小
corelibs	2020/7/28 20:26	文件夹	
Exchange Plugins	2019/8/13 13:15	文件夹	
frameworks	2019/8/13 13:15	文件夹	
library	2019/8/13 13:15	文件夹	
plugins	2020/8/3 18:33	文件夹	
resource	2020/7/28 20:26	文件夹	
CINEMA 4D TeamRender Client	2020/7/29 4:26	应用程序	8,051 KB
CINEMA 4D TeamRender Server	2020/7/29 4:26	应用程序	8,051 KB
CINEMA 4D	2020/7/29 4:26	应用程序	8,051 KB
Commandline	2020/7/29 4:26	应用程序	8,051 KB

插件目录

图8-14

安装后，第一次打开 Cinema 4D 时会弹出 X-P 许可证验证对话框，填写相关信息后，单击"OK"按钮，如图 8-15 所示。

图8-15

知识点 2 粒子插件的使用方法

安装好的 X-P 插件可以在 Cinema 4D 主菜单栏中找到。使用 X-P 插件模拟计算粒子需要发射器，发射器能在粒子系统（xpSystem）中找到，它决定粒子发射的形状。执行"X-Particles-xpSystem"命令后单击"向前播放"按钮，如图 8-16 所示。

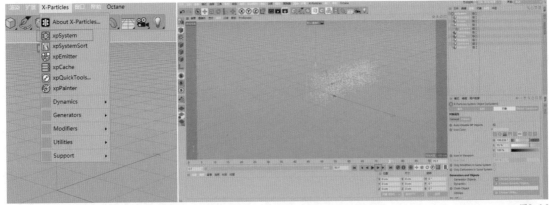

图8-16

创建参数模型后，选择"xpEmitter"（XP 发射器）命令，在其属性面板的对象选项卡中将 Emitter Shape（发射器形状）设置为"Object"（对象），使粒子发射器的形状从方形更改为对象模型，如图 8-17 所示。

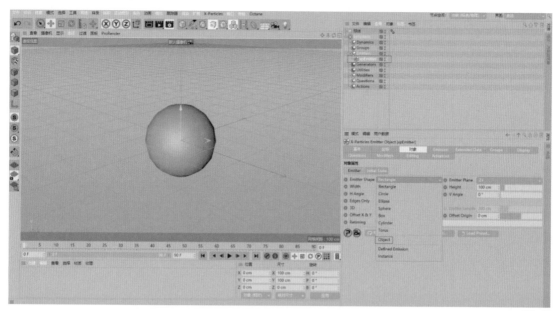

图8-17

将"球体"拖曳进Object（对象）内，粒子会在球体的多边形中心进行发射，将Emit From（从哪发射）设置为"Points"（点），使粒子发射的位置从多边形中心更改为多边形点，如图8-18所示。

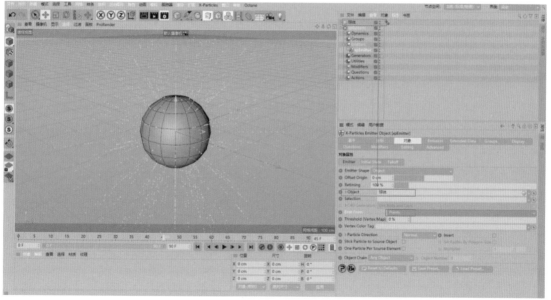

图8-18

选择"xpEmitter"(XP发射器)命令，在其属性面板的Display（显示）选项卡中将Editor Display（发射器显示）设置为"Spheres"（球体），使粒子显示从点状更改为球体状，方便观察效果，如图8-19所示。

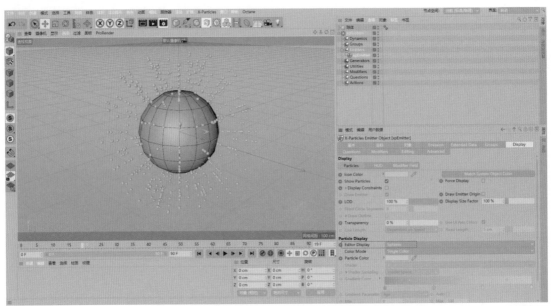

图8-19

在Emission（射出）选项卡中将Speed（速度）设置为"0cm"，粒子将不再运动，如图8-20所示。

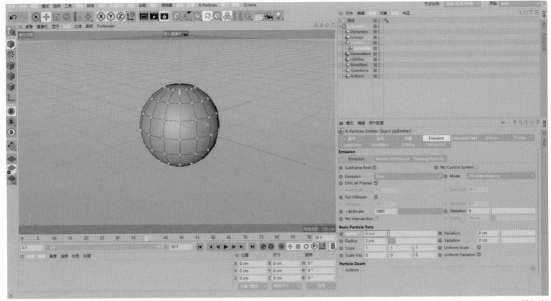

图8-20

任务1 制作粒子闪烁动画

在随书附赠资源中找到并打开"头盔场景粒子实战项目"工程文件，在主菜单栏中执行"X-Particles-xpSystem"命令，如图8-21所示。

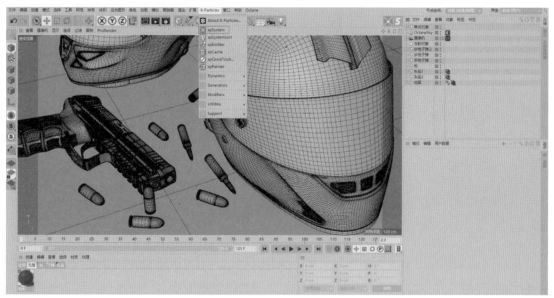

图8-21

　　将粒子发射器形状更改为"发射对象"，粒子发射的位置从多边形中心更改为多边形点，得到图8-22所示的效果。

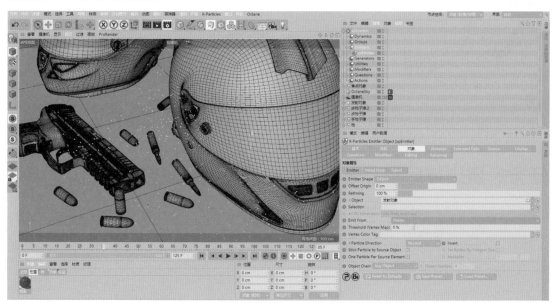

图8-22

　　在Emission选项卡中取消勾选"Full Lifespan"（生命值）复选框，调整粒子的Lifespan（生命值）使粒子生命缩短，调整Variation（变化）值使粒子得到随机效果，提高Birthrate（出生率）值使粒子每秒发射的数量增多，最后为了让粒子不再运动，将Speed设置为"0cm"，如图8-23所示。

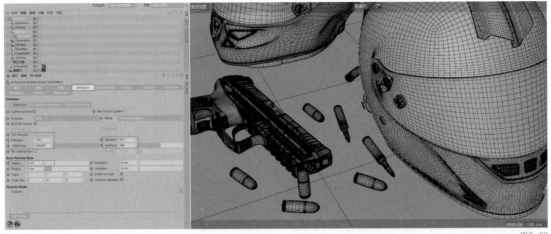

图8-23

将时间滑块移至0帧后为出生率K帧，如图8-24所示。再将时间滑块移至1帧处，将 Birthrate改为"5000"后再次K帧，使粒子第一帧的数量变多，后续减少，得到粒子闪烁效果，如图8-25所示。

图8-24

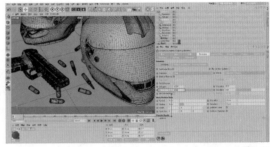

图8-25

任务2 渲染与后期合成

为发射器添加OC对象标签，在属性面板的粒子渲染选项卡中将启用设置为"几何体"，如图8-26所示。添加球体，更改半径为"0.08cm"，如图8-27所示。把球体拖曳进OC对象标签内，使所有粒子渲染成半径为"0.08cm"的小球，如图8-28所示。

图8-26

图8-27

图8-28

在OC材质标签下新建漫射材质,并在漫射通道上添加色温发光节点,将功率设置为
"0.3",勾选"表面亮度"复选框,最后添加RGB颜色节点为其调色,这样可以得到发光
的小球,如图8-29所示。

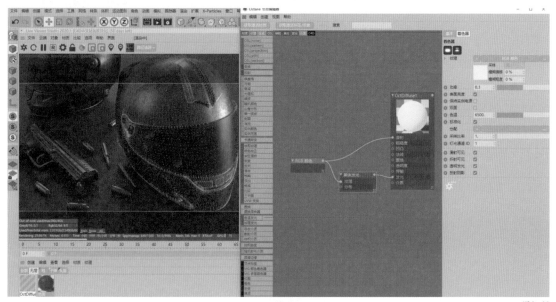

图8-29

在OC渲染器渲染通道选项卡中调整尺寸及渲染通道,如图8-30所示。

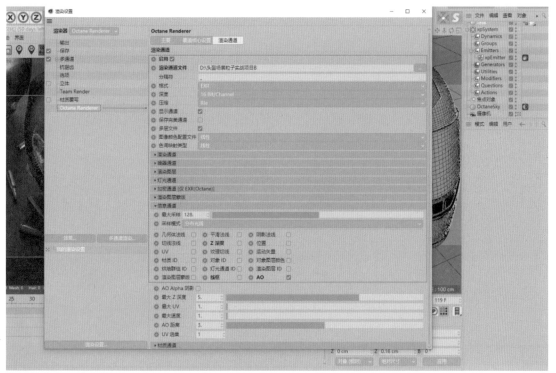

图8-30

单击"渲染到图片查看器"按钮，得到渲染图，如图8-31所示。

复制"头盔2"与摄像机至新建场景，在渲染设置窗口中单击"效果"按钮添加线描渲染器，调整线描渲染器参数，如图8-32所示。单击"渲染到图片查看器"按钮，得到头盔线框图，如图8-33所示。

图8-31

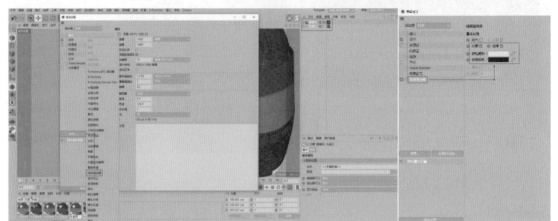

图8-32

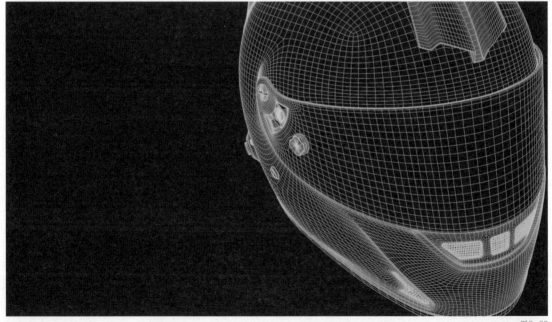

图8-33

在Adobe After Effects中导入渲染图及多通道素材，为多通道素材添加EXtractoR效果提取Ambient occlusion通道，调整图层混合模式及不透明度，以增加阴影细节，如图8-34所示。

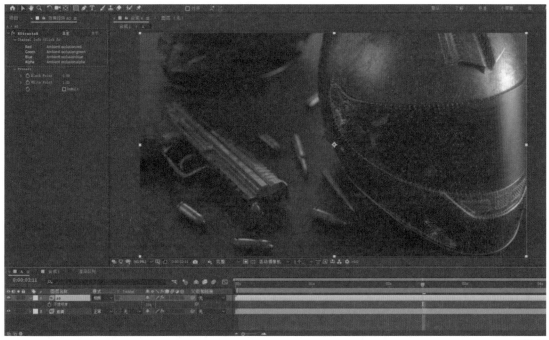

图8-34

加入头盔线框图，添加块溶解效果，调整图层混合模式及不透明度，使头盔产生斑驳线框效果，如图8-35所示。

图8-35

创建调整层，添加Mojo与曲线效果调色，再次添加Separate RGB与锐化效果加强画面氛围感，如图8-36所示。最后创建调整层，添加曲线效果，绘制并羽化蒙版，降低调整层的透明度，为画面添加暗角突出主体。

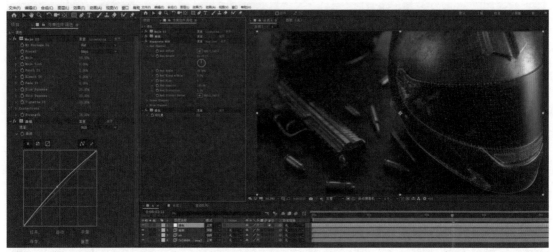

图8-36

本课练习题

填空题

结合本课所学知识填空。

（1）设置_____可以使粒子沿对象模型进行发射。

（2）取消勾选_____复选框可以调整粒子的生命值。

（3）图层_____可以加强画面阴影暗部细节。

参考答案

（1）Object （2）"Full Lifespan" （3）Ambient occlusion

第 **9** 课

烟雾特效风格——
汽车漂移轮胎摩擦烟雾实战项目

项目需求

◆ 基础参数：1920像素×1080像素，72像素/英寸

◆ 风格：冷色、暗调体现质感和氛围感

◆ 特色：利用烟雾特效提升整个片子的基调，增强画面冲击感

◆ 应用领域：产品体现、氛围渲染等

本课目标

本课将讲解如何根据上述需求及所提供的素材，制作出图9-1所示的汽车漂移轮胎摩擦烟雾效果图。通过本课的学习，读者可以深入了解烟雾效果的制作方法，以及其在实际案例中的应用等。

图9-1

实战准备1 初识烟雾特效风格

随着影视包装行业的不断发展，影视包装类的作品也逐渐融入特效、角色等元素。烟雾就是特效类型中的一种风格。

知识点 1 烟雾特效风格的应用领域

烟雾特效在影视包装中通常会应用于产品的功能体现、场景的氛围渲染及构图设计的元素应用等。它的形式可以是多种多样的，图9-2所示的烟雾特效属于写实类，主要用于模拟真实生活中物体的功能及其所产生的效果；图9-3所示的烟雾特效属于氛围类，主要用于加强场景的氛围感，为场景增加细节以突显特效风格；图9-4所示的烟雾特效属于设计元素类，主要用于丰富画面、平衡构图。

图9-2

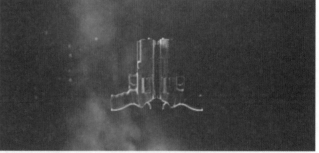

图9-3

图9-4

知识点 2 烟雾特效在软件中如何实现

在影视包装行业中，制作烟雾类效果通常会使用TurbulenceFD（后文简称TFD）插件，这是一款Cinema 4D流体水墨烟雾特效插件，不仅可以模拟烟雾及火焰，而且可以对Cinema 4D默认粒子及X-P粒子产生影响。对于粒子而言，TFD插件就是一个力场。图9-5所示为TFD插件官网首页画面，图9-6所示为软件模拟画面。

图9-5

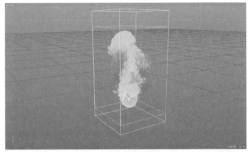

图9-6

实战准备2 TFD烟雾特效插件的核心知识

在正式开始制作烟雾效果前，首先需要对制作烟雾效果的插件有一个初步的认识。

知识点 1 下载并安装烟雾插件

打开TFD插件官网首页，单击"LOGIN"按钮进行登录或注册，如图9-7所示。

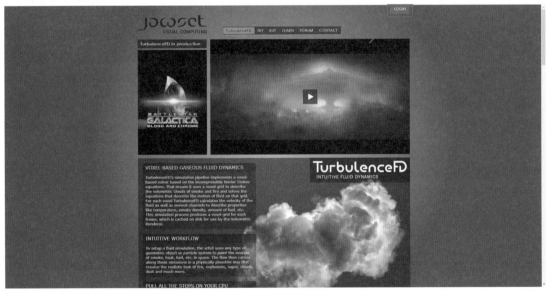

图9-7

没有账号的用户需先单击"SIGN UP"按钮注册账号，如图9-8所示。

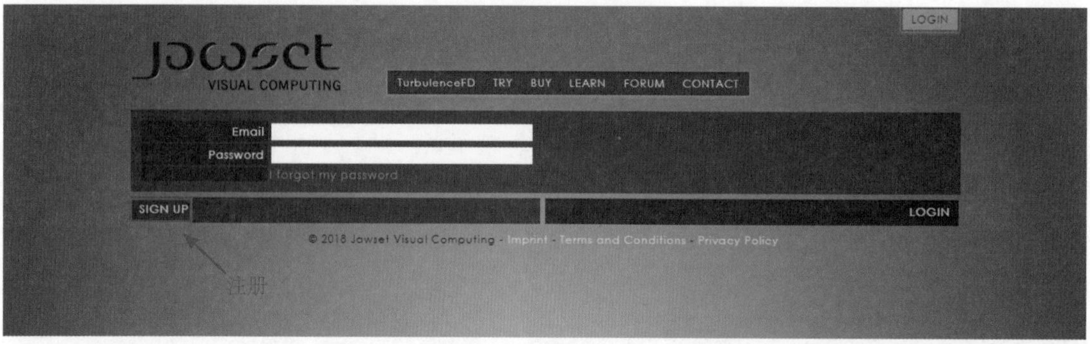

图9-8

输入信息及密码并进行人机身份验证后，单击"SUBMIT"按钮提交申请，如图9-9所示。

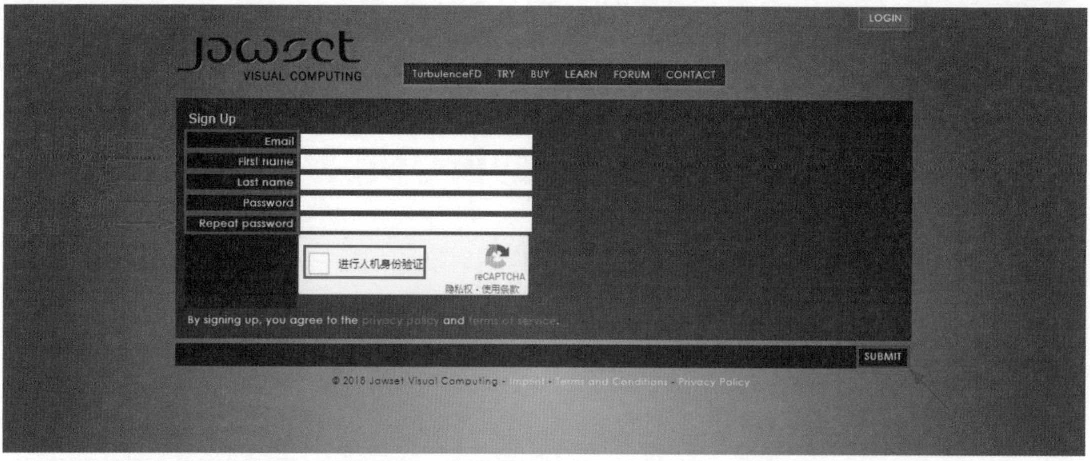

图9-9

提交申请后，官网会给对应邮箱发送验证链接，用户只需单击邮件中的链接即可激活账户，如图9-10所示。

图9-10

登录注册好的账户后单击"TRY"按钮选择对应软件及系统下载插件，如图9-11所示。

图9-11

将下载好的文件解压后，拖曳至Cinema 4D插件目录下即可，如图9-12所示。

名称	修改日期	类型	大小
corelibs	2020/7/28 20:26	文件夹	
Exchange Plugins	2019/8/13 13:15	文件夹	
frameworks	2019/8/13 13:15	文件夹	
library	2019/8/13 13:15	文件夹	
plugins	2020/8/3 18:33	文件夹	
resource	2020/7/28 20:26	文件夹	
CINEMA 4D TeamRender Client	2020/7/29 4:26	应用程序	8,051 KB
CINEMA 4D TeamRender Server	2020/7/29 4:26	应用程序	8,051 KB
CINEMA 4D	2020/7/29 4:26	应用程序	8,051 KB
Commandline	2020/7/29 4:26	应用程序	8,051 KB

插件目录

图9-12

知识点 2 烟雾插件的使用方法

安装好的TFD插件可以在主菜单栏的插件中找到，如图9-13所示。使用TFD插件模拟烟雾需要容器及发射对象。烟雾只能在容器中模拟，容器决定烟雾的最大范围；发射对象可以是模型也可以是粒子。

容器

图9-13

创建容器及参数模型，为参数模型添加TFD发射器标签，如图9-14所示。

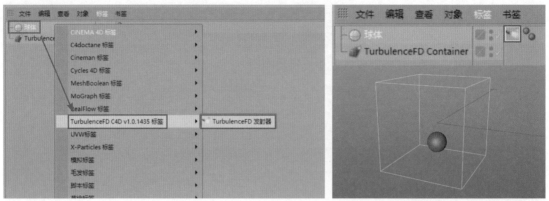

图9-14

单击发射器标签，在属性面板中进行相关设置，如图9-15所示。发射器属性面板中的半径决定烟雾或火焰的半径。"通道"下的温度值通常用于产生火焰，适用于模拟相对剧烈或爆炸类的火焰；密度值通常用于产生烟雾，适用于模拟烟雾或云等；燃烧值同样用于产生火焰，适用于模拟相对微弱、类似蜡烛一类的火焰；燃料适用于模拟点火类的效果。

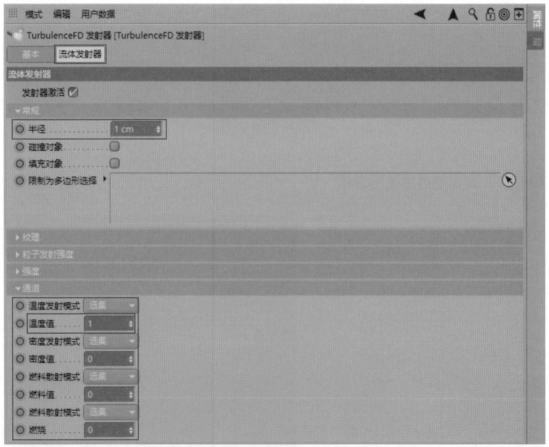

图9-15

选择"TurbulenceFD Container"，在属性面板中进行相关设置，如图9-16所示。体素大小决定烟雾或火焰的质量精度，其数值越小精度越高、相对计算机负荷也会越大；网格大小决定烟雾或火焰的模拟空间（网格大小不宜太大，太大也会导致计算机负荷，一般控制在1~2000以内）；网格偏移决定容器的位置；模拟缓存用于设置缓存文件的保存位置，建议选择空间较大的硬盘存放。

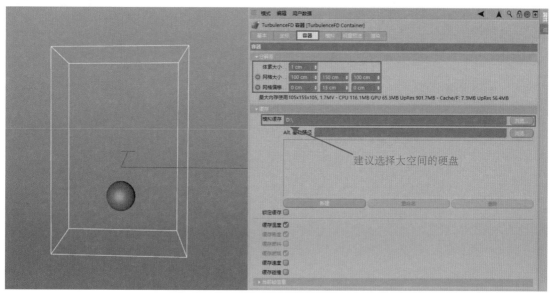

图9-16

调整好发射器标签和容器的相关参数后，在主菜单栏中执行"插件-TurbulenceFD C4D v1.0.1435-模拟窗口"命令，打开模拟窗口，单击"开始"按钮进行模拟，如图9-17所示。默认模拟帧数以时间轴的帧数为准。

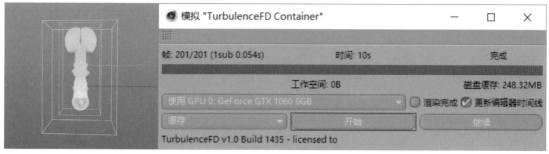

图9-17

容器属性面板中的模拟选项卡如图9-18所示。"解算"中的封闭的容器边界决定容器的四周是否封闭，取消勾选正负X、Y、Z边界复选框后的效果如图9-19所示。

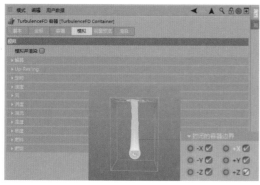

图9-18

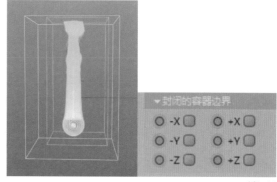

图9-19

"定时"中的基点和到决定烟雾或火焰的起始时间和结束时间,如图9-20所示。

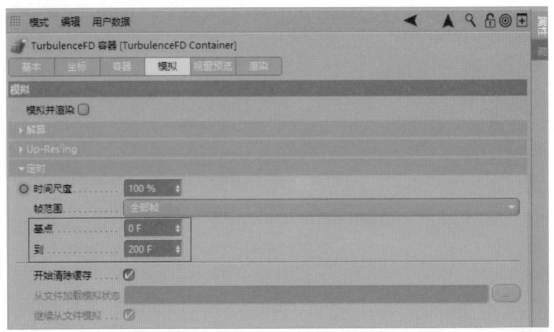

图9-20

"风"中的风向决定烟雾或火焰倾斜的方向;风速决定烟雾或火焰倾斜的程度,风速值越大倾斜程度越大,如图9-21所示。

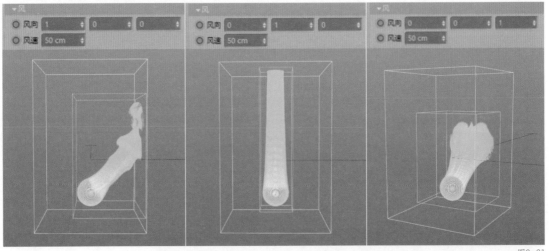

图9-21

涡度可以让烟雾或火焰产生细碎的细节变化,如图9-22所示。

图9-22

"湍流"下的属性用于调整烟雾或火焰大范围的随机变化，规定变化强度、湍流最大和最小的变化范围，如图9-23所示。

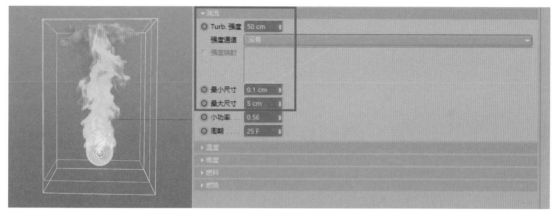

图9-23

设置"温度""密度""燃料""燃烧"下的属性可激活发射器标签属性中对应的4个通道，如图9-24所示。

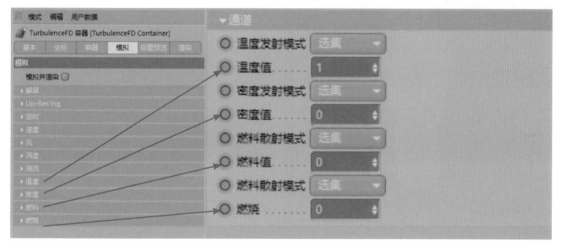

图9-24

冷却和半衰期决定烟雾或火焰的高度，如图9-25所示。浮力决定浮力强度，如图9-26所示。

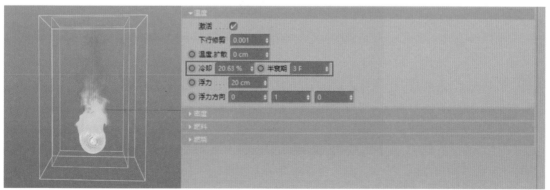

图9-25

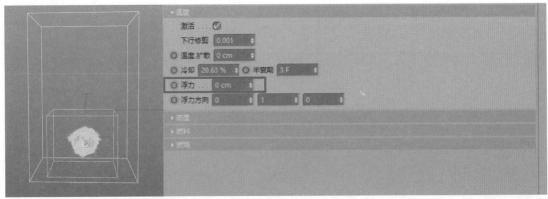

图9-26

　　打开容器属性面板中的渲染选项卡，"烟雾着色器"和"火焰着色器"决定渲染出的画面是烟雾还是火焰，默认开启的是火焰着色器，如图9-27所示。

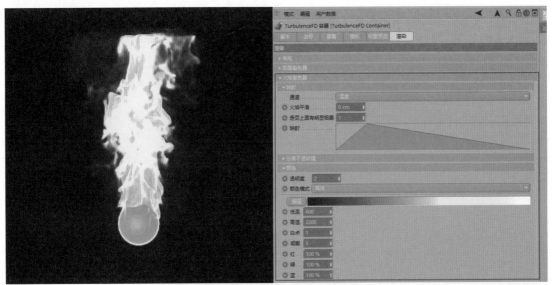

图9-27

　　若想渲染烟雾，需要在"烟雾着色器"下修改通道，并关闭"火焰着色器"下的通道，如图9-28所示。

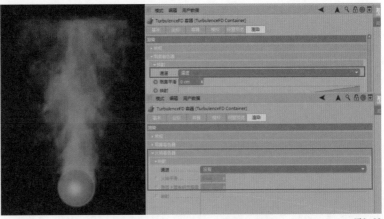

图9-28

提示　此处将"烟雾着色器"下的通道设置为"温度"是因为发射器中的通道为温度值，具体通道由发射器指定通道为准。

任务1 制作汽车漂移动画

在随书资源中找到并打开"汽车漂移轮胎摩擦烟雾实战项目"工程文件,如图9-29所示。

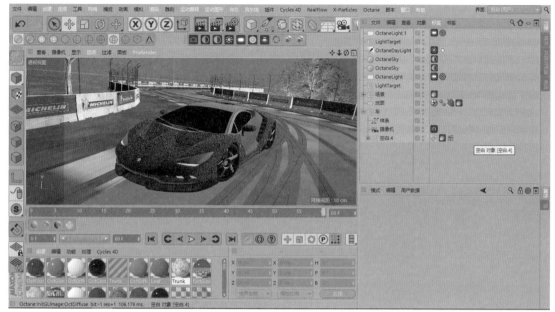

图9-29

为了更好地实现汽车漂移动画,首先利用样条绘制出运动轨迹后为汽车模型添加对齐曲线标签。将运动轨迹样条拖曳至曲线路径内,让汽车可以沿着绘制的路径进行运动,如图9-30所示。

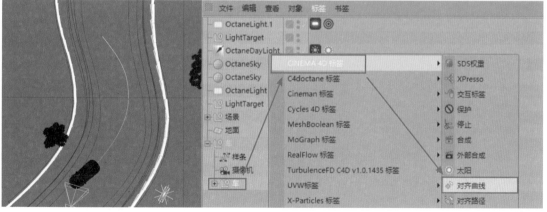

图9-30

制作汽车移动动画。将对齐曲线属性面板中的位置属性在时间轴中进行 K 帧，如图 9-31 所示。

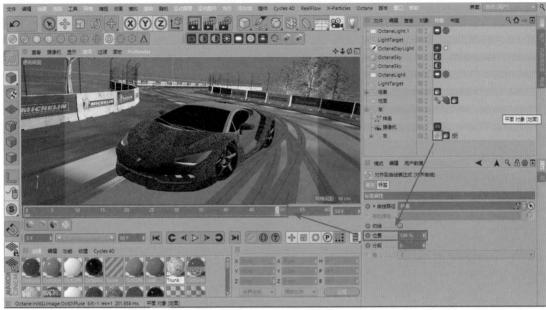

图9-31

将对齐曲线的动画曲线改为线性，如图 9-32 所示。

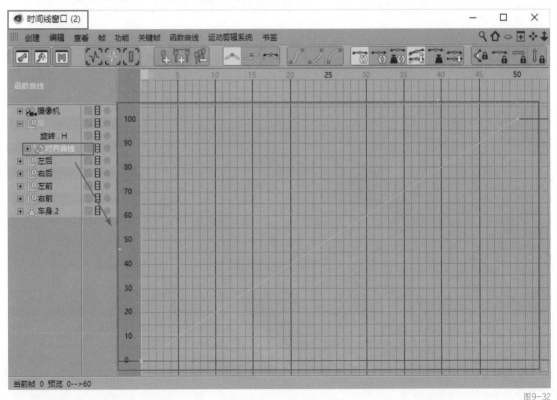

图9-32

制作汽车运动时轮胎的动画，对左前和右前轮胎旋转属性的 H 方向 K 帧，如图 9-33 所示。

图9-33

对左后和右后轮胎旋转属性的H方向K帧，如图9-34所示。

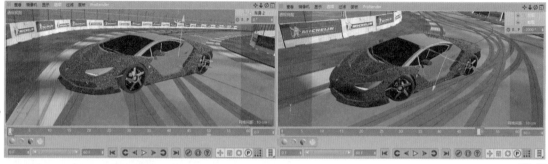

图9-34

制作车身因动力而倾斜的动画，对汽车旋转属性的B方向K帧做出倾斜动画并在结尾做出颤动感，如图9-35所示。

图9-35

任务2 烟雾结合X-P插件制作轮胎烟雾效果

为了能让轮胎起烟的效果更为丰富，首先需要让轮胎发射粒子，调整完形态后再为其添加烟雾达到最终效果。选择"xpEmitter"(XP发射器)，将左后轮胎发射模型拖曳至Object内，将Particle Direction(粒子方向)改为"Random"(随机)，如图9-36所示。

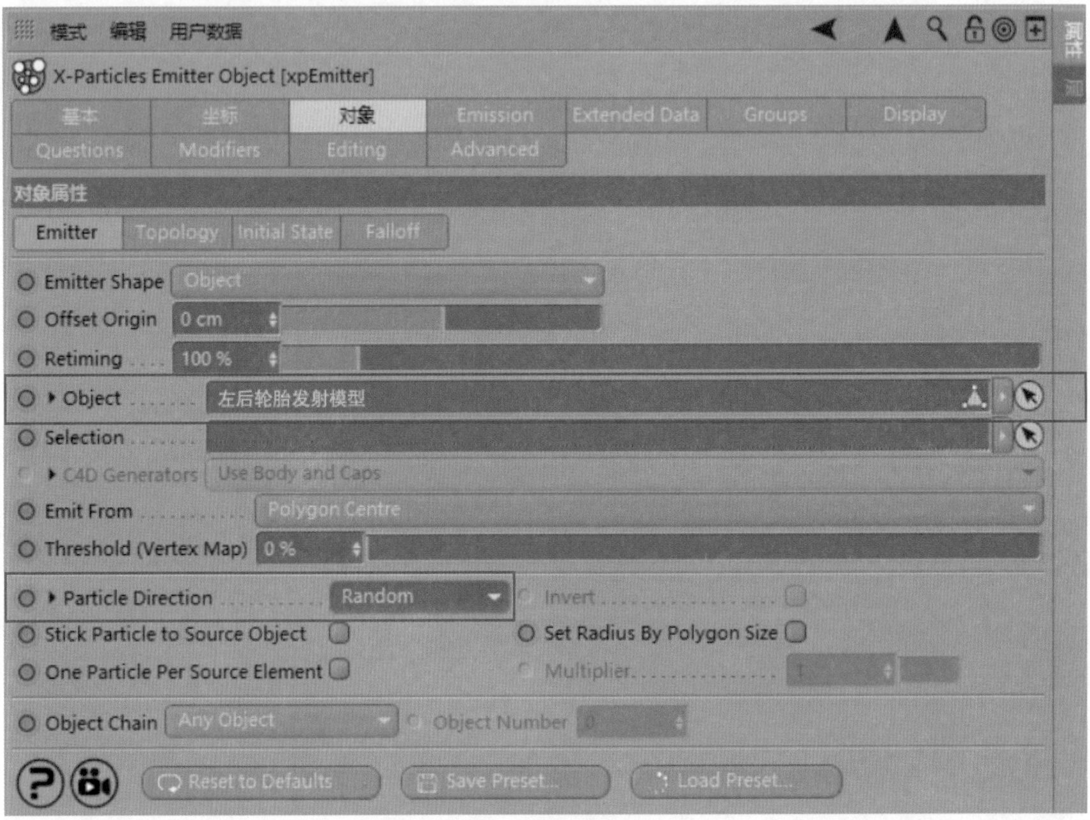

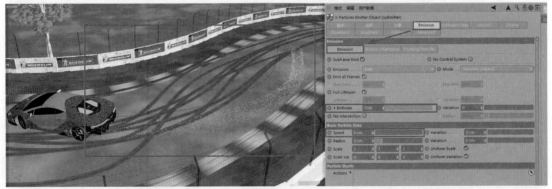

图9-36

轮胎发射的粒子相当于是烟雾，烟雾本身是没有动力的，它的动力来源于轮胎运动，因此需要将Emission选项卡中的粒子数量增多、默认速度归零，如图9-37所示。

图9-37

烟雾（粒子）会消散，需要取消勾选"Full Lifespan"复选框，调整粒子的生命值和变化，如图9-38所示。

图9-38

这时的粒子还没有继承轮胎的动力属性，需要调整Motion Inheritance（运动继承）中的相关参数，如图9-39所示。勾选"Use Motion Inheritance"（使用运动继承）复选框使粒子继承对象模型的运动属性。

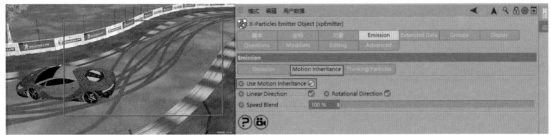

图9-39

在真实的环境中烟雾（粒子）会受到重力的影响，需要在Modifiers（修改器）中添加xpGravity（xp重力），并调整相关属性，如图9-40所示。

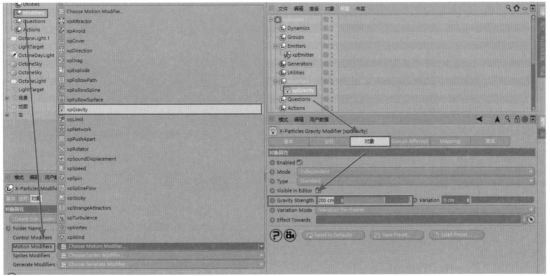

图9-40

添加完重力场之后，粒子会受到重力的影响而下落，那么地面需要作为承接物体承接粒子。为地面添加X-P插件的碰撞标签，并调整相关属性，如图9-41所示。

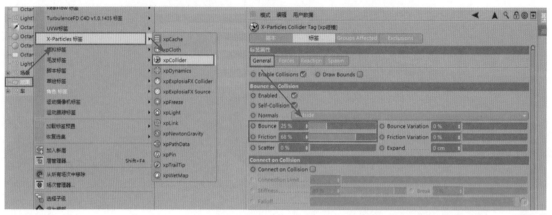

图9-41

在真实的环境中烟雾（粒子）会受到空气的阻力，需要为场景添加Modifiers中的xpDrag（xp阻力），并调整相关属性，如图9-42所示。

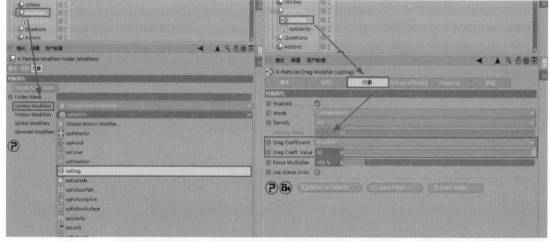

图9-42

除了阻力外，烟雾（粒子）还会受到风和其他因素的扰乱，需要为场景添加xpTurbulence（xp扰乱），并调整相关属性，如图9-43所示。

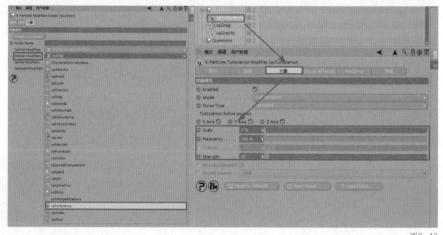

图9-43

调整好左后轮胎后，复制并粘贴相关设置给右后轮胎即可。复制发射器，将右后轮胎发射模型拖曳至Object内，如图9-44所示。

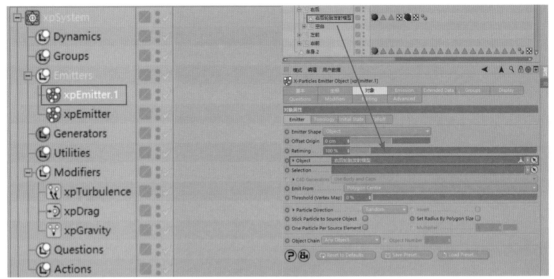

图9-44

为了后期模拟烟雾的流畅性，需要先将粒子的模拟结果缓存下来。添加xpCache（ xp缓存），并为缓存路径选择空间较大的硬盘，如图9-45所示。

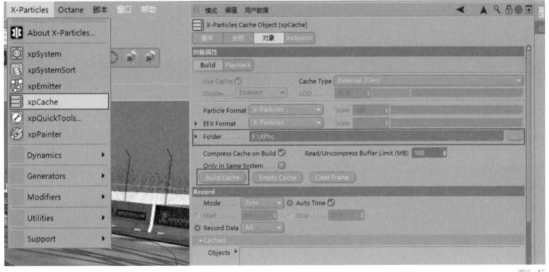

图9-45

提示 模拟缓存路径建议选择空间较大的硬盘。

接下来需要使粒子发射烟雾。创建TFD容器，调整容器属性面板中的相关参数，如图9-46所示。

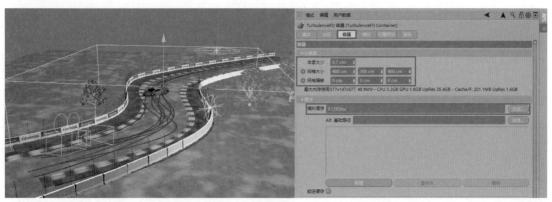

图9-46

模拟烟雾前需要先添加原料，调整模拟的相关属性，如图9-47所示。取消勾选温度激活复选框，勾选密度激活复选框，并调整密度参数，如图9-48所示。

图9-47

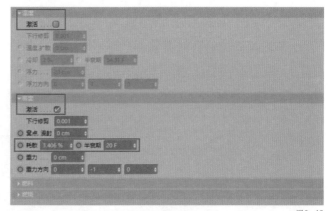

图9-48

为粒子发射器添加TFD发射标签，并调整相关属性，如图9-49所示。

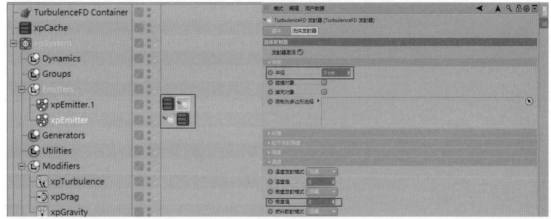

图9-49

创建模拟窗口，单击"缓存"按钮进行模拟，如图9-50所示。

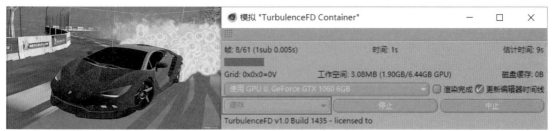

图9-50

任务3 渲染与后期合成

模拟完成后需要将汽车的通道渲染出来，为汽车添加OC对象标签，并调整相关属性，如图9-51所示。

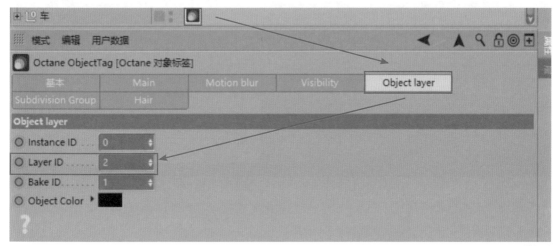

图9-51

在"渲染设置"窗口中进行相关设置后渲染输出，如图9-52所示。

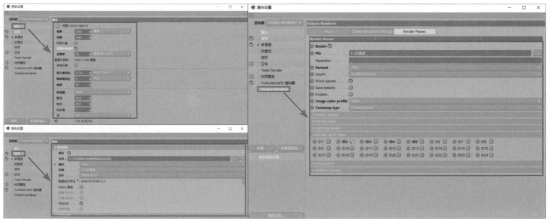

图9-52

在Adobe After Effects中导入静帧及汽车通道，复制"车"，利用亮度通道抠出汽车，如图9-53所示。

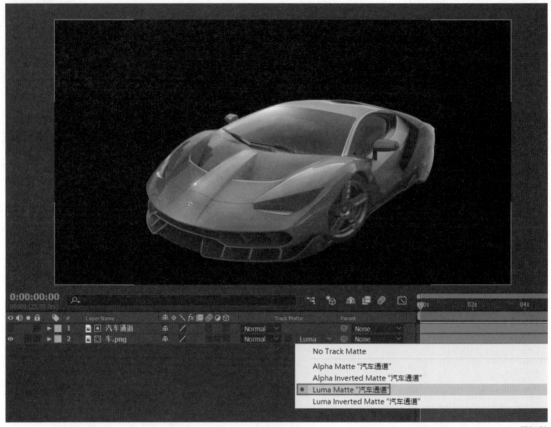

图9-53

调整汽车的色调和明暗。拖入一张静帧做底图，将静帧和汽车通道打包预合成，添加色阶和色相饱和度效果进行调色，如图9-54所示。

图9-54

为整体添加效果，统一色调。创建调整层，添加Looks效果并选择喜欢的滤镜，如图9-55所示。

图9-55

　　添加光斑效果为场景增加氛围感。创建黑色固态层，添加Optical Flares效果并选择喜欢的灯光类型后将图层模式改为"Add"，如图9-56所示。

图9-56

　　添加分色效果为场景增加现代感。创建调整层，添加Separate RGB效果并调整数值，如图9-57所示。

图9-57

本课练习题

填空题

结合本课所学知识填空。

（1）利用_____标签可以使汽车沿着绘制好的路径进行移动。

（2）勾选_____复选框可以使粒子继承发射物体的运动属性。

（3）_____值控制烟雾的半径。

参考答案

（1）对齐曲线 （2）"Use Motion Inheritance" （3）半径